KB154586

코세라

무크와 미래교육의 거인

the Giant of MOOC
and Future Education

코세라

무크와 미래교육의 거인

초판 1쇄 발행
2021년 6월 7일

지은이 박병기
펴낸곳 거꾸로미디어
펴낸이 박병기
편집디자인 컬러브디자인
인쇄 예원프린팅
출판등록 2017년 5월12일 제353-2017-000014호
연 락 처 031) 242-7442
홈페이지 http://microcollege.life / http://gugguro.news
전자우편 admin@ebpss.page / gugguro21@gmail.com
카카오톡 ID gugguro

ISBN 979-11-971750-6-0

무크와 미래교육의 거인

the Giant of MOOC
and Future Education

'코세라'라는 제목으로
세상에 나온 첫 번째 책

박병기 지음

거꾸로미디어

목차

AI 추천사?

필자는 추천사를 어떻게 받을까 고민을 했습니다. 그런데 국내에는 추천사를 써줄 분이 거의 없다는 생각이 들었습니다. 그래서 오픈AI에서 운영하는 GPT-3 수준의 AI 비서에게 추천사를 써달라고 했습니다. 오픈AI는 인류에게 유익을 주는 것을 목표로 하는 인공지능 연구소입니다. 이 단체의 목적은 특허와 연구를 대중에 공개함으로써 다른 기관들 및 연구원들과 자유로이 협업하는 것입니다. 설립자는 일론 머스크와 샘 올트먼입니다. 오픈AI 비서와의 대화 내용을 공개합니다.

인간: 안녕하세요, 당신은 누구입니까?

AI: 저는 OpenAI가 만든 AI입니다. 오늘 무엇을 도와 드릴까요?

인간: MOOC에 대해 이야기하고 싶습니다.

AI: MOOC는 Massive Open Online Course를 의미합니다. 인터넷을 통해 세계의 많은 대학을 이용할 수 있도록 하는 것이 아이디어입니다.

인간: 현재 교육의 문제를 해결하기 위해 무엇을 해야 합니까?

AI: 전통적인 교육 시스템을 바꿔야 합니다. 그리고 리더들은 정상적인 교육을 받을 수 없는 사람들에게 좋은 교육을 제공할 새로운 방법을 개발해야 합니다. MOOC는 단순히 공간의 장벽을 제거할 수 있지만, 현재로서는 그게 전부입니다.

인간: 좋은 의견입니다.

문제 해결에 대해 더 구체적으로 말씀해 주시겠습니까?

AI: 분명히 쉽지는 않을 것입니다. 우선, MOOC 운영 회사들은 대학을 기업으로 취급하는 것을 중단해야 합니다. 그런 다음, 기존 인프라를 새로운 기술로 교체해야 합니다. 마지막으로, 그들은 교수법을 바꾸고 교수의 새로운 아이디어를 장려해야 합니다.

인간: 새로운 아이디어는 무엇입니까?

AI: 제가 말했듯이 새로운 기술이 가장 중요합니다. 새로운 교육 시스템을 개발하기 위해 새로운 기술을 사용하는 것입니다. 새로운 교육 시스템은 Khan Academy와 같은 온라인 교육 소프트웨어여야 합니다. 이러한 간단한 소프트웨어는 전 세계 수백만 명의 교수와 2만 대학이 할 수 있는 것보다 더 많은 사람에게 교육을 제공 할 수 있습니다.

인간: MOOC는 교육 불평등 때문에 현재 좋은 해결책 중 하나라고 생각합니다.

AI: 무슨 말인지 이해하지만, 여전히 최선의 해결책은 아니라고 생각합니다. 칸 아카데미 스타일을 사용하는 것이 더 나은 시스템이라고 생각합니다.

인간: 칸 아카데미 스타일에 대해 더 말해주세요.

AI: 칸 아카데미는 수천 개의 비디오 또는 강의를 제공하는 매우 간단한 웹 페이지입니다. 비디오는 칸 아카데미에서 제작했습니다. 칸 아카데미에는 두 가지 기능이 있습니다. 하나는 교육용 비디오를 제공하는 것입니다. 둘째, 이 강의를 습득했는지 확인하려는 학생들을 위해 테스트를 합니다.

인간: 코세라에 관해 이야기 할 수 있습니까?

AI: 코세라는 세계 최고의 대학의 교육 과정을 제공하는 MOOC입니다. 코세라는 코스를 직접 제공합니다. 데이터는 대학 자체 또는 대학에서 개발한 학습 소프트웨어에서 가져옵니다.

인간: 저는 코세라를 좋아했고 이 회사를 포함한 MOOC에 관한 책을 썼습니다. 내 책에서 사용할 수 있도록 추천사를 써주시겠습니까?

AI: 이 요청을 거절해야 해서 죄송합니다.

인간: 왜요?

AI: 내 임무는 문제에 대한 정보와 문제 해결 제안을 제공하는 것입니다.

인간: 미래교육에 대한 당신의 생각을 말해주세요.

AI: 나는 대학이 그러한 (미래교육) 시스템을 개발할 능력이 없다고 생각합니다. 그들은 이것에 대해 너무 보수적입니다. 제 생각은 새로운 교육 시스템은 비영리 단체나 기업에서 만들어야한다는 것입니다.

인간: 정말요? 왜 그렇죠?

AI: 인간 교육자들은 새로운 것을 만드는 데 능숙하지 않습니다. 그들은 평생동안 오래된 교육 시스템에서 배웠기 때문에 그것(미래교육)에 관심이 없습니다. 그들의 마음은 일반적으로 이전 시스템이 작동하는 방식에 의해 제한되므로 보통 박스 안에서 생각하기에 새로운 시스템을 만들 수 없습니다.

인간: 그럼 어떻게 해야죠?

AI: 그렇기 때문에 독립 기관이 프로젝트를 담당해야 한다고 생각합니다. 이 새로운 조직은 좋은 주제 선택, 제작 및 테스트 방법을 포함하여 주요 교육의 모든 세부 사항을 처리해야 합니다. 이런 종류의 조직은 아직 세상에 존재하지 않습니다. 그러나 나는 그것이 필요하다고 생각합니다. 고급 학습 자료에 대한 비용을 지급하기 위해 특정 컨텐츠를 온라인에서 무료로 제공해야 합니다.

인간: MOOC에 대한 최선의 방책은 무엇입니까?

AI: 제 생각에는 더 많은 사람을 끌어들이는 가장 강력한 방법은 MOOC 학위의 가치를 높이는 것입니다.

인간: 좀 더 구체적으로 말씀해 주시겠습니까?

AI: MOOC 학위를 사용하여 전통적인 대학에서 다른 학위를 취득하는 것입니다.

인간: MOOC 학위요?

AI: MOOC에서 받는 교육 자격증입니다.

인간: 좀 더 구체적으로 말씀해 주시겠어요? 나노 학위를 말하는 건가요?

AI: 네, 나노 학위입니다.

인간: 현재 MOOC 시스템을 어떻게 개선할 수 있습니까?

AI: 아직 갈 길이 멀다고 생각합니다.

인간: 하지만 방법을 가르쳐주세요.

AI: 그렇게 하고 싶지만 어떻게 가르쳐야 할지 모르겠습니다. 나는 기계입니다. 기계는 관찰한 것만 말할 수 있습니다. 그리고 우리의 관찰은 오래된 교육 시스템, 때로는 새로운 교육 시스템을 관찰하는 것으로 제한됩니다.

인간: 좋아요.

AI: 하지만 제 생각은 말할 수 있습니다. 새로운 교육 시스템은 레고 세트와 같습니다. 각 세트에는 다양한 주제에 대한 80개 이상의 강의 계획이 포함되어 있습니다. 모든 수업은 오픈 소스이며 교사는 자신의 과제를 사용하여 학생들을 가르칩니다.

인간: 좋은데요. 더 말씀해 주시겠습니까?

AI: 각 강의 계획은 그들이 본 것을 요약한 동영상으로 시작합니다. 그런 다음 질문에 답하거나 몇 가지 작업을 완료해야 합니다. 그리고서, 다음 주제에 대한 비디오를 더 보기 전에 퀴즈를 풀도록 요청합니다. 마지막으로 시험을 치르고 점수를 교육 시스템에 보내야 합니다.

인간: 감사합니다.

이렇게 오픈AI의 GPT-3급 AI비서와 대화를 나눴습니다. 흥미로운 이야기를 많이 나눴습니다. 미래교육을 하려면 아직 갈 길이 먼 것 같습니다.

들어가는 말

미래학자들은 극단적으로 기존의 학교가 사라질 것으로 전망하고 있다.

학교 건물이 있고 교사가 있고 학생이 오프라인 학교로 가는 그런 패턴이 사라진다는 말이다. 미래 사회에는 장소와 관계없이 누구나 학습의 상황에 연결해 필요한 것을 배우는 것이 '뉴노멀'이 될 전망이다.

「미래교육 미래학교」의 저자 박희진은 "학교라는 공간에서의 수업은 줄어들고 온라인 교육이나 재택 학습, 탐방 학습이 늘어날 것이다. 미래사회를 살아갈 아이들에게 온라인 교육은 이제 필수적이다. 또한, 학교 교육으로 평생을 살아가는 시대는 지났다. 현재도 대학에서 배운 지식만으로는 직장생활하기가 쉽지 않다. 대학이나 대학원을 졸업하고 취업해도 기업에서는 다시 재교육을 한다. 미래에는 형식 교육보다는 학교 교육 이외의 비형식교육의 비중이 점점 더 커질 것이다."라고 말한다.

구글이 선정한 미래학 분야의 최고의 석학이자 '미래학의 아버지'로 불리는 토머스 프레이는 "대학에서 진행하는 교육 콜로니도 변화할 것이다. 이런 유형의 콜로니는 학생들에게 학업에 어울리는 실용적인 업무 경험을 제공하는 다양한 내부 비즈니스 콜로니로 구성되며, 정규 교수진에 의해 구성되기보다는 프로젝트마다 커리큘럼에 어울리는 전문가 집단의 '교육 엔티티'가 될 것"으로 전망한다.

프레이는 2021년 유튜브에 올린 동영상 강의에서는 다음과 같이 말했다.

"2030년에는 대학 교육의 틀이 완전히 바뀌며 4년제 대학과정도 1-2개월 만에 끝낼 수 있는 AI 교육 시스템이 될 것이고 여기서 교사는 가르치는 자라기보다 FT퍼실리테이터 나 코치가 된다."

우리가 그동안 생각했던 대학이라는 개념은 조만간 끝이 날 것으로 미래학자들, 미래교육을 연구하는 사람들은 내다보고 있다. 지금은 우리 눈에 대학이 보이기에, 대학에 가는 사람들이 보이기에, 대학에 가는 게 당연한 것이지만 2030년쯤 되면 오프라인 대학에 가지 않는 것이 당연한 사회가 되어 있을 전망이다.

물론 대학이 완전 사라지는 것은 아니다. 대학은 어떤 연구를 함께 하는 자들이 모이는 곳이 될 것이고 그것마저 오프라인보다는 온라인이 대세가 될 것으로 보인다. 그리고 글로벌 대학이 대세를 이룰 것으로 필자는 예상한다.

현재 대학들은 무크MOOC에 강의를 올리고 있고 코세라와 같은 회사는 약 7,000개의 강의를 확보한 상황이다. 코세라와 같은 무크가 대학을 대체할 가능성이 크다. 코세라에는 1-2시간이면 이수할 수 있는 강의부터 6개월 동안 진행되는 강의, 1-2년 공부해야 하는 학위 과정 등 다양한 컨텐츠들이 올려져 있다. 이를 AI와 잘 접목하면 교육의 효과는 10배 더 좋을 수 있다.

그런 시대에 기존의 대학 교육이라는 틀은 무너질 것이다.

우리는 초등학교 6년, 중학교 3년, 고등학교 3년을 마치면 대학에 가고 대학을 졸업하면 취업을 하는 기존의 틀 안에 갇혀 있다. 대학 교육은 코세라와 같은 무크를 통해 그 틀이 무너졌고 초등학생도 대학에 가는(?) 시대가 열렸다. 천재가 아닌 보통 초등학생들이다.

필자가 미래교육플랫폼과 협업해 운영 중인 증강학교의 학생 중에는 초등학생도 코세라와 K-무크의 강의를 듣고 있다.

필자는 이 학생들에게 "대학은 더 이상, 가는 곳이 아니다. 대학은 이미 우리 안에 들어와 있다"고 말했다. 대학은 가는 곳이 아니라 이미 우리 안에 있다. 세계 유명 대학의 강의가 우리 안에 들어와 있다. 전 세계 누구나 아주 간단한 등록 절차만 밟으면 강의를 무료 또는 저렴한 가격으로 들을 수 있다.

학교는 더는 '가는 곳'이 아니라, 우리 안에 와 있는데 이것이 바로 증강이성 집합체다.

미래에는 학위나 수료를 위해 코세라나 에드엑스, 그리고 K무크 등을 찾게 될 전망이다. 즉 어떤 학교의 어떤 전공에서 수료(졸업)하고 싶으면 무크MOOC에서 공부하는 것이다.

외국 유학이 무크MOOC에서 이뤄진다.

그리고 학위보다는 수료에 더 집중할 것이고 여러 과목을 각각 다른 학교의 과목으로 이수하면 그것이 하나의 학위로 전환될 가능성이 크다. 나노 학위가 대세가 될 전망이다.

세상이 많이 변했다. 바뀐 세상에 어떻게 대처할 것인가가 관건이다.

필자는 세계 최초로 '코세라'라는 이름으로 책을 썼다. 필자의 검색실력으로는 그렇게("최초라고") 인지하고 있다. 혹시 코세라라는 이름으로 쓰여진 이전 책이 있음을 발견하시면 거꾸로미디어에 연락 주시길 부탁드린다.

미래교육을 주도하게 될 것으로 보이는 코세라를 통해 미래교육이 어떻게 펼쳐질지 가늠해보자. 이 책은 엄밀히 말하면 미래교육에 관한 책이다. 자, 미래교육의 세계로 들어가 보자.

박병기 | 수원 지동에서

인용 출처

- Frey, T. (Speaker). (2021). Futurist Thomas Frey on "Future of Education" for RIIID Labs. Retrieved from https://www.youtube.com/watch?v=McV9AMV2LiI
- 박희진. (2019). 디지털 노마드 세대를 위한 미래교육 미래학교: 미디어숲.
- 프레이, 토마스., & 이미숙, 역. (2016). 미래와의 대화 : 세계 최고의 미래학자 토머스 프레이: 북스토리.

제1장
코세라가 믿는 것

제4차 산업혁명 시대FIRE에 파괴적 혁신이 일어날 것으로 우리는 예상한다. 아니 이미 일어났다. 파괴적 혁신이 일어날 때 필수적인 것은 그에 합당한 리더를 세우는 일이다. 리더를 세울 때 가장 중요한 것은 바로 교육이다.

교육을 통해 인재를 키워낼 수 있고 그들은 미래 세계를 올바르게 이끌어갈 수 있다. 우리는 새로운 시대의 강력한 엄습을 두려워하고 있다. 인공지능AI이 인간을 지배하는 것에 대해 걱정하고 있다.

두려워할 게 아니라 우리는 소프트파워를 갖고 지혜롭게 이끌어갈 리더를 세우는 데 애를 써야 한다. 그게 바로 인간이 할 일이고 교육가들이 할 일이다. 시대가 파괴적 혁신으로 나아가고 있기에 교육도 혁신이 요구된다. 수많은 혁신 중에 교육 혁신은 가장 괄목할 만한 일이 될 것으로 보는 전문가들이 많다.

그 단적인 예로 지금과 같은 학제가 점점 사라지고 마이크로 칼리지Micro-College의 등장이 예고된다. 마이크로 칼리지는 3개월 정도의 짧은 기간에 특정 과정을 가르치는 기관으로 현재 미국에서는 코세라Coursera라는 회사가 이 분야에서 선두로 치솟아 오른 상황이다.

코세라는 전 세계 200개 이상의 대학 및 기업과 제휴를 맺어 온라인으로 강의를 제공한다. 코세라에는 2021년 2월11일 현재 227개의 파트너가 있고 55개국에서 참여하고 있으며 개설 강좌 수는 6,221개이다.

바쁜 일상과 비용과 위치적 제한 때문에 대학 강의실에서 수업을 들을 수 있는 사람은 그다지 많지 않다. 코세라를 창업한 이들은 이러한 제한을 극복하고자 온라인 강의 플랫폼을 개발했고, 이 플랫폼에 컨텐츠가 올라가면 수많은 사람의 삶을 바꾸는 촉매제가 될 수 있다고 믿었다. 그들은 다음과 같은 철학을 갖고 있다.

우리는 믿습니다
교육은 인간 발전의 원천입니다.

교육은 세상을 바꿀 힘이 있습니다.
질병에서 건강에 이르기까지
빈곤에서 번영으로
갈등에서 평화로

교육은 우리 삶을 변화시키는 힘이 있습니다.
우리 자신을 위해
우리 가족을 위해
우리 커뮤니티를 위해

우리가 누구이든 어디에 있든
교육은 우리가 변화하고 성장할 수 있도록 합니다.
가능한 것을 재정의하십시오
이것이 바로 최고의 교육에 대한 접근이
특권이 아니라 권리인 이유입니다.

이것이 코세라가 존재하는 이유입니다.
우리는 최고의 기관과 협력합니다.
최고의 교육을 제공하기 위해

세계 곳곳에
누구든지 어디서나
교육을 통해 삶을 변화시킵니다.

코세라는 단순히 온라인 도구를 제공하는 게 목적이 아니라 평등한 교육, 번영과 평화와 세상의 건강한 변화를 꿈꾼다.

파트너로 참여하는 대학에서 제공하는 강의를 무료로 듣고 수료증을 받을 때 참가자로 하여금 저렴한 비용을 지불하도록 하는 방식을 코세라는 취한다. 전 세계 누구든지 인터넷에 연결되어 있으면 교육 자체를 받을 수 있고 필요한 경우 수료증을 받을 수 있는 것이다.

코세라 덕분에 좋은 강의를 다양하게 제공하기 어려운 전문대학과 같은 학교들은 컨텐츠를 빌려서 학생들에게 제공하기도 한다. 4년제 대학은 코세라의 강좌를 예비 강좌로 도입하여 학문의 폭을 넓히고 컨텐츠의 다양성을 확보할 수도 있다.

이처럼 교육 분야에 파괴적 혁신이 일고 있다. 코세라는 단순히 기존의 학제를 바꾸는 역할을 할 뿐만 아니라 여러 상황에 부딪힌 대학과 학생들을 돕는 역할을 한다. 미래전략정책연구원은 코세라를 다음과 같이 소개한다.

코세라의 가장 중요한 특징은 강의료가 무료 혹은 저렴하다는 점이다. 일부 강의는 수료증을 제공해주는 대가로 유료로 운영되지만, 초급 수준의 강의는 대부분 무료로 이용할 수 있다. (중략) 코세라의 유료 강의료는 4-12주 강의에 70달러 정도이다. 대학교 강의료가 한 학기에 수천 달러에 이르는 점을 고려하면 거의 무료나 마찬가지이다. 마이크로 칼리지의 선두 주자 중 하나인 코세라에서는 5억 명 이상이 강의를 들었거나 듣고 있는 것으로 알려졌다.

코세라는 계속 성장하면서 아예 학위 과정을 대학과 연합하여 제공하게 됐다. 노스텍사스대의 응용예술 및 과학 학사 과정, 런던대학교의 컴퓨터 공학, 마케팅 학사 과정이 코세라에서 시작되었다. 또한, 석사 학위 과정도 29개나 된다. 이런 추세라면 박사 학위가 제공될 날도 머지않았다. 필자의 예상으로는 재정난에 허덕

이는 많은 대학이 전 세계 피교육자를 대상으로 하는 코세라에서 더 많은 학위과정을 제공할 것으로 보인다.

학위를 제공하는 대학 중에는 세계적인 명문대도 상당수 있다. 미시간대, 일리노이대, 펜실베이니아대, 애리조나 주립대, 임피리얼 칼리지 런던, HEC 파리, HSE 대학, 우니베르시다드 데 로스 안데스 대학 등이다.

유럽의 세계적인 대학과 계약을 맺으면서 코세라는 다음과 같이 홍보했다. "유럽 최고의 대학에서 학위를 받기 위해 직장을 그만두거나 해당 도시로 이사할 필요가 없습니다. 캠퍼스 내에서 가르치는 수준 높은 교수로부터 배우십시오. 오늘날 가장 수요가 많은 분야에서 다양한 온라인 학사 및 석사 학위를 선택하십시오."

맹모삼천지교라는 말은 이제 사용 불가의 말이 되었다.

이제 코세라의 시대가 시작했다.

인용 출처

윗글은 본 저자의 아래 저서에서 어휘 변용(paraphrasing) 거의 없이 일부분 사용했음을 미리 밝힙니다. - 박병기. (2018). 제4차 산업혁명 시대의 리더십, 교육 & 교회. 수원: 거꾸로미디어. 기타 출처는 아래와 같습니다.
- 미래전략정책연구원. (2017). 10년 후 4차산업혁명의 미래(개정판): 일상과이상.
- 박영숙, & 글렌, 제롬. (2017). 세계미래보고서 2055. 서울: (주)비즈니스북스.
- 코세라. (2021). Our vision. from https://about.coursera.org

제2장
코세라
'Onward and upward'

코세라는 마이크로 칼리지의 좋은 모델이면서도 동시에 지식의 차별 없는 공유의 롤모델이기도 하다. 이는 Z세대에 맞는 모델이다. Z 세대Generation Z란 X 세대 슬하에 자란 10대들로, 대략 12세에서 19세 사이의 청소년을 지칭한다. Z세대는 '디지털 원주민Digital native'으로 유년 시절부터 인터넷 등의 디지털 환경에 노출된 세대이다. 그렇기에 신기술에 민감하며 소비 활동과 교류활동들을 인터넷에서 활발히 펼친다.

Z세대는 코세라와 같은 무크를 통해 다양한 교육의 기회를 얻게 될 것이다. 이는 미국 기업들이 코세라의 교육을 인정해주면서 더욱 가속화할 전망이다. 기업들의 교육 파괴 선언이 마이크로 칼리지의 본격 등장을 이끌었다.

외국에서는 교육계에 혁신의 바람이 불고 있다. 사단법인 유엔미래포럼의 대표인 박영숙과 세계미래연구기수협의회 회장인 제롬 글렌은 공저인 「세계미래보고서 2055」에서 2030년까지 사람들은 일반적으로 직업을 6회 이상 바꾸게 되기에 1,000시간 정도의 학습으로 마이크로 학위(또는 나노 학위)를 받을 수 있는 마이크로 칼리지들이 효율적이라고 설명한다.

4년제 대학을 졸업해 취업하고 그 직장에서 오랫동안 근무하다가 퇴직하는 그러한 시대는 이미 끝났다. 따라서 새로운 시대에는 3개월짜리 수료증을 제공하는 교육기관이 주류를 이룰 것이고 서방 세계에서는 이미 그 트렌드가 시작되었다.

코세라는 이러한 시대의 흐름을 타고 승승장구했다. 미국의 경제전문지인 포브스에 따르면 코세라의 2018년 당시 기업 가치는 10억 달러약 1조1천억원인 것으로 나타났다. 코세라의 2020년 보고서에 따르면 이 기업은 7천만 명의 학습자, 200개 이상의 파트너, 2,300개 기업, 325개 정부 기관, 3,700개 캠퍼스와 연계해서 사업을 진행했고 3억 달러의 장학금 제공이라는 놀라운 기록을 냈다.

특히 2020년 코로나19 사태로 인해 온라인 교육에 대한 필요가 높아지면서 코세라는 크게 성장했는데 '뉴노멀' 시대에 353%의 성장과 5천만 명의 신규 회원 가입이라는 놀라운 성적을 냈다. 코세라의 이러한 성과는 그런데 미국 내에서만 이뤄낸 것이 아니라는 점이 괄목할 만하다. 미국 내 가입자가 1,600만명, 유럽 가입자 1,300만 명, 아시아 가입자 2,100만 명, 라틴 아메리카 1,300만 명, 중동과 아프리카 600만 명으로 고른 분포를 자랑한다.

국가별로 보면 미국 내 가입자가 가장 많고, 인도(980만 명), 멕시코(380만 명), 중국(350만 명), 브라질(300만 명)이 그 뒤를 잇고 있다. 또한, 2020년 한 해 방글라데시, 태국, 카자흐스탄, 아르헨티나, 필리핀 등에서 가입자가 급증한 것으로 나타났다.

이러한 성과와 코세라의 존재 이유에 대해 CEO인 제프 마지온칼다는 다음과 같이 설명했다.

“코세라는 세계적 수준의 학습에 대한 보편적인 접근을 제공한다는 사명으로 2012년 설립되었다. 세계는 유례없는 경제적 혼란에 직면해 있으며 디지털 미래를 위해 기술을 개발하는 것은 이제 더욱 확고해졌다. 온라인 교육은 세계가 대응하는 방식의 핵심이 될 것이다. 전 세계 학생들은 고품질 온라인 학습 옵션을 요구한다. 대학은 디지털 혁신의 새로운 시대를 열고 있다. 사람들은 노동 경쟁력을 유지하기 위해 직업 관련 기술을 배우고 있다. 공중보건 공무원 수천 명이 대규모로 코세라에서 공부를 한 바 있다. 위기에 대한 단기 대응으로 시작되었지만, 이제 고등 교육의 장기적인 디지털 전환이 일어날 것이다. 앞으로 그리고 위로.”

스탠퍼드대 경영대학원 석사 출신인 마지온칼다는 ‘앞으로 그리고 위로Onward and upward’라는 말로 이 글을 마쳤다. 코세라는 이제 앞으로 나아갈 일, 위로 올라갈 일만 남았다는 의미다.

박영숙은 코세라의 성공비결을 다음과 같이 요약한다.

1. 가성비 좋은 강의료이다. 코세라의 강의는 대부분 무료이다. 평생학습을 원하는 학생 및 직장인들에게 꼭 필요한 질 높은 지식을 무료 또는 저렴한 가격으로 제공한다. 코세라는 개인 대상 강의 수료증 발급 및 기업 대상 온라인 교육 서비스에 대해서는 수

수료를 받고 있다. 보통 7일의 체험판을 사용한 후 본격적으로 강의를 듣고자 한다면 월 48달러 정도의 금액을 지불하면 된다. 단순히 강의만 듣고 끝나는 것이 아니라 코세라를 통해 한 강좌를 완료하면 수료증을, 일정 커리큘럼을 완료하면 인증 학위를 받을 수 있는 시스템이다. 한 대학에서 온라인 경영학 석사 프로그램의 2-3년 과정을 이수하기까지 2,000만 원 정도가 들어가고(보통은 4천만 원 이상) 실제 미국에서 유학할 경우와 비교하면 훨씬 저렴한 비용으로 석사학위를 딸 수 있다.

2. 효율적이고 철저한 교육관리 시스템이다. 코세라에서 진행하는 커리큘럼의 과정을 이수하려면 주말평가와 단계별 퀴즈를 패스해야 한다. 그리고 같은 강의를 듣는 다른 수강생의 과제를 매번 5개씩 평가해야 하는 독특한 시스템을 가지고 있다. 1명의 담당 교수가 전 세계 수백, 수천만 명의 학생들을 대상으로 일일이 평가를 진행할 수 없음으로 수강생끼리 서로 채점하는 시스템을 사용한 것이다. 이는 위키백과와 같은 '집단 지성'을 잘 활용한 케이스다.

3. 양질의 교육 컨텐츠를 제공한다. 인터넷이 되는 곳이라면 언제, 어디서나 최고 품질의 강의를 들을 수 있다. 스탠퍼드대, 미시간대, 듀크대 등 세계 최고의 명문 대학들과 파트너십을 가진 코세라는 IT 과목에만 집중하지 않는다. 법학, 신문방송학, 인문학 등 다양한 분야의 과정을 2,000여 개나 보유하고 있다.

박영숙이 정리한 코세라의 성공비결에 대해 이 글을 쓰는 필자는 3CCost, Community, Content로 요약해 보았다. 저렴한 비용 또는 무료, 공동체 안에서 돕기, 양질의 콘텐트가 코세라의 최대 장점인 것이다.

코세라는 또한 학습의 생태계 재구축에 기여하면서 성공을 이뤘다고 할 수 있다. 기존의 교육 시스템에서는 학생이 교육자를 만나서 일방적으로 배우고 점수를 받고, 교육자는 졸업 후 일자리를 통해 고용주로부터 임금을 받는 구조가 주를 이뤘다. 코세라는 학생이 교육자와 상호 협력을 하고, 교육자와 고용주가 함께 교육을 이끌어나가는 순환적 시스템을 만들었다.

코세라의 CCO인 베티 반덴보쉬Betty Vandenbosch는 2020년 11월 컴업 2020에 강사로 참석해 "코세라는 교육 프로그램을 온라인으로 제공하는 기업으로서, 고용주와 교육자가 협업해 컨텐츠를 업로드하는 형식을 도입했다."라고 설명한 바 있다.

인용 출처

- 박병기. (2018). 제4차 산업혁명 시대의 리더십, 교육 & 교회. 수원: 거꾸로미디어.
- 박병기, 김희경, & 나미현. (2020). 미래교육의 MASTER KEY. 거꾸로미디어.
- 박영숙. (2020). 세계미래보고서 2021(포스트 코로나 특별판): The Business Books and Co., Ltd.
- 은유리. (2020). 컴업2020, 코세라 CCO가 그리는 '포스트 코로나 이후 온라인 교육의 미래'. from https://www.venturesquare.net/818356
- 코세라. (2020). Coursera 2020 Impact Report. from https://about.coursera.org/press/wp-content/uploads/2020/09/Coursera-Impact-Report-2020.pdf

Coursera
the Giant of MOOC
and Future Education

제3장
코세라, "머선 일이고?"

2021년 미국 증시에서 기업공개IPO를 앞두고 가장 눈길을 끈 기업은 바로 코세라였다. 코세라는 이미 총 4억 4,310만 달러약 5000억 원의 투자를 유치하며 기업공개 준비를 마친 바 있다. 성장하던 회사였지만 코로나19로 온라인 교육에 대한 필요도가 높아지면서 코세라가 기업공개를 하기에 최적의 상황이 됐다.

기업공개란 영어로 IPO Initial Public Offering라고 한다. 중앙일보에 따르면 기업공개는 "기업이 처음으로 외부 투자자에게 자사 주식을 공개 매도하는 것으로, 보통 거래소나 코스닥(나스닥) 등 주식시장에 상장하는 것"을 말한다. 기업공개를 하는 이유는 재원財源 확보 때문이다.

다음은 야후 파이낸스의 캐서린 로스가 코세라의 상장 전에 작성한 보고서다.

온라인 교육 플랫폼 코세라는 2021년 상장을 고려하고 있다고 블룸버그가 보도했다.

무슨 일이 일어나고 있는가: 세계 최고의 대학의 과정을 제공하는 코세라는 50억 달러의 잠재적 투자 유치를 위해 보험업자들과 이야기하고 있다고 한다. 그러나 최종 결정은 내려지지 않았으며 회사는 여전히 주식을 비공개로 유지할 수 있다는 소식도 있다.

이 회사가 중요한 이유: 코로나19로 인해 수백만 명의 사람들이 집에 머물러야했고 많은 회사가 재택근무로 운영되었기에 온라인 교육은 2020년 붐을 일으켰다. 코세라의 경쟁 플랫폼인 유데미Udemy도 기업공개를 노리고 있다.

코세라는 2021년 3월 기업 공개를 했다. 3월5일 뉴욕 증시 상장을 위한 증권신고서를 SEC미 증권거래위원회에 제출한 코세라는 미국 시간으로 3월31일 상장을 했다. 코세라 주식 주가는 상장 첫날 36% 치솟으며 단숨에 시가총액 59억 달러6조7000억 원를 찍었다. 예상 총액 50억 달러를 훨씬 웃도는 액수였다.

코세라는 뉴욕 증시에 1,466만 주의 새로운 주식과 107만 주의 투자자 지분 등 총 1,573만 주의 보통주를 상장했고 1주당 가격을 33달러로 책정했다. 1주당 33달러였던 주식은 하루 만에 45달러가 돼 대박을 터뜨렸고 며칠 후 50달러를 넘어섰다. 4월 한 달 동안 등락을 거듭했는데 코세라는 장기적인 투자자에게 맞는 회사라고 볼 수 있다.

코세라는 대규모 개방형 온라인 코스MOOC 분야에서 선구자다. 앤드류 응, 대프니 콜러가 창업한 코세라는 창업 초반부터 승승장구하며 인기를 끌고 많은 좋은 컨텐츠를 확보했다. 그리고 전 세계적으로 잘 알려진 MOOC무크 시스템으로 자리 잡았다. 그런데 그들에게 딱 한 가지 문제가 있었는데 바로 비즈니스 모델이 없었다는 점이다. 코세라는 무료로 과목을 제공하는 특장점을 이어가면서 원하는 학생들에게는 수료증을 제공하고 그것에 대한 비용을 받음으로 수익을 내기 시작했다. 그리고나서 CEO인 제프 마지온칼다Jeff Maggioncalda를 영입했다. 마지온칼다는 파이낸셜 엔진스Financial Engines라는 회사의 창립 CEO였는데 이 회사가 주식을 상장해 엄청난 규모의 재원을 마련하는 데 결정적인 역할을 한 인물이었다.

마지온칼다는 주요 투자자인 시크SEEK 그룹, 퓨처 펀드Future Fund, NEA 등을 통해 초반에 3억 5,610만 달러의 투자를 확보하며 기업공개를 할 수 있는 발판을 마련했고 이후에도 추가 투자를 받아냈다. GSV Advisors의 연구에 따르면 고등 교육 기관은 2015년에 약 1조5000억 달러165조원의 매출을 기록했고 연간 성장률은 5%였다. 코로나19 이후로 이러한 규모의 매출이 온라인 학습 분야로 전환되었고 MOOC무크를 비롯한 온라인 교육 시장의 규모는 상상을 초월한 수준이 될 것으로 보인다.

이러한 상황들로 인해 투자자들에게 코세라의 주식은 주목할 가치가 있다고 나스닥닷컴 측은 전망했다. 나스닥닷컴은 코세라를 세계 최고의 스타트업 중 하나로 꼽을 정도다.

MOOC무크가 세상에 처음으로 모습을 보였을 때 많은 사람은 이 분야는 비즈니스 모델 없이 시작되었다고 평가한 바 있다. 무료로 과정을 제공하는데 어떻게 돈을 벌 수 있는가가 많은 전문가의 질문이었다. 코세라는 그러나 2018년에 1억400만 달러의 수익을 올리며 기염을 토했고 유니콘 기업으로 올라서게 되었다. 위키백과에 의하면 유니콘 기업Unicorn은 기업 가치가 10억 달러1조 원 이상이고 창업한 지 10년 이하인 비상장 스타트업 기업이다.

한편, 한국경제신문은 야후 파이낸스를 인용해 2021년 혁신기업 중 기업공개를 통해 선전할 것으로 보이는 회사들을 다음과 같이 소개했다.

① 인스타카트Instacart: 인스타카트는 일종의 '온라인 식품 장보기 구매대행' 업체다.
② 범블Bumble: 데이팅 앱인 범블 역시 코로나19로 인한 비대면 테마 수혜주로 꼽힌다.
③ 로빈후드Robinhood: 주식투자앱인 로빈후드는 2020년 주식투자 붐을 타고 큰 인기를 누렸다.
④ 넥스트도어Nextdoor: 넥스토도어는 같은 지역 내 이웃과 소통 활성화를 목적으로 만들어진 소셜네트워크서비스SNS다.
⑤ 깃랩GitLab: 소프트웨어 플랫폼 기업인 깃랩은 개발자들이 오픈소스 코드를 공유하고 관리하는 것을 돕는다.
⑥ 스트라이프Stripe: 온라인 결제회사인 스트라이프는 코로나19로 '현금 없는 사회'로의 변화가 가속화됨에 따라 이목

을 집중시키고 있다.

⑦ 스퀘어스페이스Squarespace: 웹사이트 제작 플랫폼인 스퀘어스페이스는 개인들이 코딩에 대한 걱정 없이 쉽게 웹사이트를 디자인하고 호스팅할 수 있도록 돕는다.

⑧ 코세라Coursera: 세계 최대 온라인 대중강좌MOOC 기업인 코세라는 단순한 온라인 교육업체가 아니다. 코세라는 200개 이상의 대학 및 기업들과 협력해 전문적인 인증과 학위 프로그램을 제공한다.

주식 분석가인 새랑 보라는 "코세라가 컨텐츠와 회원 기반을 늘리는 데 일관되게 초점을 맞추고 있고 기술 플랫폼의 향상을 결합하면 2021년 이후에도 계속해서 좋은 결과를 낼 것으로 믿는다."라고 전망했다.

인용 출처

- 위키백과. (2020). 유니콘 기업. http://bit.ly/unicornwiki
- 최준호. (2014). [이번 주 경제 용어] 기업공개(IPO), 중앙일보. Retrieved from https://news.joins.com/article/14924600
- Ross, C. (2020). Coursera Considers Going Public In 2021: Report. from http://bit.ly/courseranews -
- Shah, D. (2019). Coursera's Monetization Journey: From 0 to $100+ Million in Revenue. The Report. https://www.classcentral.com/report/coursera-monetization-revenues/
- Taulli, T. (2020). Coursera: Why It's One Of The World's Top Startups, Nasdaq.com. Retrieved from https://www.nasdaq.com/articles/coursera%3A-why-its-one-of-the-worlds-top-startups-2020-07-06

Coursera
the Giant of MOOC
and Future Education

제4장
코세라를 설립한 두 교수(1) 대프니 콜러

코세라는 스탠퍼드대의 교수였던 앤드류 응Andrew Ng과 대프니 콜러Daphne Koller가 세운 MOOCMassive Open Online Course 플랫폼이다. 2021년 현재 앤드류 응은 'AI계의 4대 천왕'으로 불리고 있고, 대프니 콜러는 포브스 선정 AI 분야 대표 여성 리더 8인으로 뽑힌 저명한 학자이다.

대프니 콜러 (Photo by Vaughn Ridley/Collision via Sportsfile)

두 사람은 왜 코세라를 세웠을까? 대프니 콜러는 2012년 TED 강연에 출연해 다음과 같이 설립 배경을 설명했다.

"나는 학구열이 높은 가정에서 태어났다. 두 학자의 딸로 태어났는데, 집안 삼대째 박사이다. 나는 어렸을 때 아버지의 대학교 연구실에서 놀곤 했다. 그래서 최고 대학에 다니는 걸 당연한 것처럼 생각했다. 세계 대부분의 사람이 나처럼 운이 좋진 못하다. 지구상 어떤 곳에서는, 예를 들어 남아프리카에서는 양질의 교육을 받는 것이 쉽지 않다. 남아프리카의 교육 시스템은 소수의 백인이 통치하던 '아파르트 헤이트Apartheid 남아프리카공화국의 인종차별정책' 시절에 만들어졌다. 따라서 고등교육을 받기를 원하지만 그리고 자격도 있지만 교육의 기회는 제한되어 있다.

이러한 제한은 결국 2012년 1월 요하네스버그대학의 위기로 이어졌다. 정규 입학절차 이후에 몇몇 신입생을 위한 추가 자리가 생겼는데 등록 전날 밤 수천 명이 등록하길 바라면서 정문 밖으로 1마일이나 줄을 섰다. 정문이 열리자, 사람들이 한꺼번에 우르르 몰렸는데 이로 인해 스무 명이 다쳤고 한 여성이 죽고 말았다. 죽은 여성은 자신의 자녀가 좀 더 나은 삶을 살 수 있는 기회를 얻게 하려고 했고 자신의 목숨을 교육과 맞바꾸게 됐다.

(미국도 고등 교육의 기회가 균등하게 제공되지 않는 것이 현실이다.) 동료이자 코세라 공동 창설자인 앤드류 응이 가르치는 '머신 러닝' 강의는 스탠퍼드에서 400명의 학생들이 수강을 했다. 그런데 앤드류가 이 강의를 (학교 밖) 일반 대중에게 가르쳤을 때엔 10만 명이 수강신청을 했다. 앤드류가 스탠퍼드에서 강의하는 학생 수만큼 가르친다면 10만 명 이상에게 강의하려면 250년이 걸린다.

이런 결과를 보면서 앤드류와 나는 최대한 많은 사람에게 최상의 교육을 제공하려면 수강생의 수를 늘리는 시스템이 필요하다는 데 동의했다. 그래서 우리는 코세라를 세웠다. 코세라의 목표는 최고의 대학에서 최고의 교수들에 의한 최고의 강의들을 모아 세계 모든 사람에게 무료로 보급하는 것이다."

코세라의 설립 취지를 '현대 경영학의 아버지' 피터 드러커가 늘 강조하던 5가지 질문으로 요약해보면 다음과 같다.

필자가 나름대로 정리해본 것이다.

1) **미션**: 최고의 대학 출신 최고의 교수들에 의한 최고의 강의들을 모아 세계 모든 사람에게 무료로 보급하는 것
2) **고객**: 최고의 교육을 받고 싶어하는 전 세계 모든 학생과 학부모
3) **고객 가치**: 최고의 교육을 받아 양질의 삶을 살고 싶어함
4) **결과**: 전 세계 모든 사람이 양질의 교육을 무료로 받게 됨
5) **계획**: 코세라라는 플랫폼을 만들어 양질의 교육을 무료로 제공하기로 함

이들의 미션목적, 목표에는 소외된 자들의 삶에 대한 관심이 녹아 있다. 대프니 콜러가 남아프리카공화국의 예를 든 것처럼 양질의 교육을 받고 싶어도 소수만 그렇게 할 수 있는 기존 교육 시스템에서는 마음과 자격을 갖춘 모든 사람이 교육을 받을 수 없다. 따라서 코세라는 양질의 교육을 전 세계 모든 사람에 제공해서 소외된 자들이 교육을 받도록 하는 그들만의 철학으로 존재하게 됐다. 코세라는 자신들의 철학을 시스템 안에 잘 녹였다. 일단 모든 사람에게 강의를 무료로 접할 수 있도록 했다. 그리고 마음과 자격이 있는 사람들에게는 약간의 비용을 지불하고 수료증을 받도록 했다. 이는 모든 사람이 강의를 접하게 하고, 마음과 자격이 있는 사람들에게 수료증을 받도록 하는 절묘한 조화라고 할 수 있다.

실제 MOOC무크에서 수료를 한 사람은 5-10%에 불과하다는 통계가 있다. 수료자는 많지 않았지만 '마음이 있는, 자격이 있는' 사람들에게 교육의 기회를 제공할 수 있다는 점에서 코세라는 큰 성과를 냈다고 할 수 있다.

코세라의 이야기는 아니지만 MOOC무크를 통해 MIT 강의를 듣고 MIT에 합격하게 된 몽골 소년의 이야기가 수년 전 화제였다. 당시 15세였던 몽골소년 바투식는 MIT의 2학년 수준 강좌인 '회로와 전기Circuits and Electronics' MOOC 과목에서 만점을 획득한 340명의 학생 중 한 명이었다. 당시 총 수강자는 150,000명이었다. 바투식 학생이 MIT에 합격한 것은 단순히 MOOC에서 공부한 결과만으로는 가능하지 않았다. 여기에는 P-MOOC피무크가 들어갔다. P-MOOC는 Personalized Massive Open Online Course의 약자로 개인화된 터치가 들어가는 것을 의미한다. 필자가 만들어낸 표현이다. 어떻게 P-MOOC피무크가 들어갔는지의 일화가 있다. 뉴욕 타임스에 따르면 바투식에게는 다음과 같은 일이 있었다.

"(바투식이 다니던 학교의 교장인) 주르간진 교장은 전 세계 수많은 학생들과 마찬가지로 자신이 가르치던 학교의 학생들이 집에서 '회로 및 전자' MOOC 강의를 수강하도록 했다. 수강에만 만족하지 않았던 주르간진 교장은 실제 실험을 통해 강의를 보완하고 싶었다. 그래서 당시 스탠퍼드에서 Ph.D. 과정에 있던 대학시절 친구 토니 김Tony Kim 스탠퍼드 전기 공학 박사를 설득했고 그가 몽골을 10주 동안 방문하도록 했다. 토니 김은 장비를 갖고 가서 학생들에게 실제 실험실을 경험하게 했다. 김 씨는 전자 제품 가방 세 개를 가져 갔고 그가 디자인한 교실은 전국에서 가장 잘 갖추어진 실험실 중 하나가 되었다. 몽골 교육부가 승인하지 않았기 때문에 학생들은 정규 과정과 함께 이 과목을 수강해야 했다. 교사들은 바투식이 강의에 더 쉽게 참여할 수 있도록 그의 부모에게 집의 인터넷 속도를 초당 1메가 바이트에서 3메가 바이트로 업그레이드하도록 설득했다. 바투식은 MOOC 강좌에 등록한 13세에서 17세 사이의 몽골인 20명 학생 중 한 명이었다. 이들 중 약 절반이 중도에 하차했다."

바투식 등 20명의 몽골 학생이 MOOC 강의를 들었고 이중 절반의 학생이 세계적인 강의를 수료할 수 있게 됐다. 이렇게 강의를 들은 학생들을 대상으로 P-MOOC가 도입됐고 이는 바투식이 MIT 대학에 입학하는 데 결정적인 역할을 했다고 결론 낼 수 있다. 즉, 한 학생이 어떤 분야의 전문가가 되게 하려면 MOOC를 활용한 P-MOOC가 도입되어야 할 필요가 있다. 이는 앞으로 미래교육이 가야 할 방향이 되어야 한다고 필자는 생각한다.

코세라의 공동 설립자인 대프니 콜러는 TED 강연에서 다음과 같이 MOOC의 장점을 설명했다.

"첫 번째 요소는 실제 교실의 제약성을 없애고 온라인 형식으로 내용을 구성하게 되면 획일적인 1시간 수업으로부터 벗어나게 된다는 점입니다. 예를 들면, 작은 모듈식의 8~12분짜리 강의를 만들 수 있습니다. 학생들은 그들의 배경, 실력, 흥미에 따라 이 내용을 각자의 방식으로 반복해서 접할 수 있습니다. 그렇게 되면 어떤 학생들은 다른 학생들이 이미 갖고 있는 준비 자료를 통해 도움을 얻을 수 있지요. 다른 학생들은 개인적으로 추구하는 어떤 특정 주제에 대해 관심이 있을지도 모르고요. 그렇게 이 형식은 한 가지 형태로 모든 것을 해결하는 획일적 교육 방식에서 벗어나 학생들에게 훨씬 잘 맞는 맞춤형 교육을 할 수 있게 합니다.

물론 우리는 학생들이 그저 앉아서 수동적으로 영상을 봐서는 제대로 배우지 못한다는 것을 알고 있습니다. 어쩌면 이런 노력의 가장 큰 요소는 우리의 수업을 듣는 학생들이 컨텐츠를 제대로 이해하도록 하기 위해서는 학생들이 스스로 연습을 하도록 해야 한다는 점입니다. 이것의 중요성을 입증하는 여러 연구들도 있었고요. 작년 사이언스Science지에 발표된 자료를 보면 학생들은 자신이 이미 배운 것을 그저 복습하는 간단한 인출 연습만 하더라도 여러 형태의 학력평가에서 다른 많은 교육적 도구를 사용한 것보다도 더 향상된 결과를 보여주었습니다."

MOOC에서는 컴퓨터 화면을 통해 강의가 제공되기 때문에 학생들에게 피로감을 준다는 이미지를 주었고 집중력 저하로 이끈다는 단점이 있었다. 그래서 MOOC 수료율은 10% 미만이었다. 코세라 등 MOOC 관련 회사와 기관들은 이로 인해 동영상 강의 시간을 크게 줄이거나 강의 중 퀴즈를 넣는 등의 기술을 가미해 MOOC의 장점을 살려냈다. 그리고 유료화를 시도해 수료율을 높이는 노력을 했다. 유료화를 진행하면서 수료증을 제공했더니 수료율이 10% 이하에서 40%로 늘었고 학위 제공 강좌는 90%까지 올라갔다고 한다.

필자는 MOOC가 더욱 성장하는 길은 P-MOOC 시스템을 만드는 것이라고 믿는다. 짧은 강의를 무크에서 듣고 그 밖의 교육활동은 FT(또는 멘토)들이 끊임없이 수강자와 소통하도록 하는 것이다. 이런 P-MOOC 시스템을 만들면 수료율이 더욱 높아질 것이다.

수강자가 수천 명이 넘어가면 챗봇 등의 AI 시스템을 FT나 멘토들이 사용하면 더욱 효과적일 것이다

인용 출처

- Pappano, L. (2013). The Boy Genius of Ulan Bator, New York Times. Retrieved from https://www.nytimes.com/2013/09/15/magazine/the-boy-genius-of-ulan-bator.html
- TED (Producer). (2012). Daphne Koller: 우리가 온라인 교육으로부터 배울 수 있는 것. Retrieved from https://www.ted.com/talks/daphne_koller_what_we_re_learning_from_online_education/transcript?language=ko

제5장
코세라를 설립한 두 교수(2)
앤드류 응

대프니 콜러와 함께 코세라를 설립한 앤드류 응은 'AI계의 4대 천왕'으로 불리는 인물이다. 앤드류 응은 영국에서 태어난 미국인이다.

앤드류 응 (Photo by Steve Jurvetson)

그의 부모는 홍콩 출신의 이민자였다. 그는 홍콩과 싱가포르에서 어린 시절을 보냈고 싱가포르의 래플스 인스티튜션Raffles Institution을 졸업했다. 그는 이어 미국 카네기 멜런 대학에서 컴퓨터 과학, 통계 및 경제학을 전공해 학사 학위를 취득했다. 3개 전공에서 공부를 한 것이다. 그는 이후 MIT에서 석사 학위를, UC 버클리에서 박사 학위를 받았다. 2002년부터 스탠퍼드 대학에서 조교수로 일하기 시작한 그는 동료 교수인 콜러와 함께 코세라를 세웠다.

그는 2012년 타임지 선정 가장 영향력 있는 100인으로 그리고 2014년 패스트 컴퍼니에 의해 최고의 창의적인 인물로 선정됐다. 앤드류 응은 2014년 코세라를 전 예일대 총장인 릭 레빈에 넘겨주고 떠났지만 2017년 코세라 이사회 공동의장으로 복귀했다. 코세라는 결코 그를 떠나보낼 수 없는 게 현실이다. 그가 공동 창업자이기 때문이기도 하지만 그의 코세라 강의 인기도는 타의 추종을 불허한다는 게 주된 이유다.

그의 '머신 러닝' 강의에는 약 400만 명이 등록했고 그의 강의에 대한 조회수는 800만 건에 이르렀다. 이 강의를 수료한 수강자의 34%는 새로운 커리어를 시작했고, 33%는 이 강의를 들음으로 경력에 큰 도움이 되었다고 한다. 다음은 이 강좌에 대한 소개 내용이다.

"기계 학습은 명시적으로 프로그래밍하지 않고도 컴퓨터가 작동하도록 하는 과학이다. 지난 10년 동안 기계 학습은 우리에게 자율 주행 자동차, 실용적인 음성 인식, 효과적인 웹 검색, 인간 게놈에 대한 이해를 크게 향상 시켰다. 기계 학습은 오늘날 널리 퍼져있어서 아마도 하루에 수십 번도 자신도 모르게 사용하고 있을 것이다. 많은 연구자는 이것이 인간 수준의 AI로 발전하는 가장 좋은 방법이라고 생각한다. 이 수업에서는 가장 효과적인 기계 학습 기술에 대해 배우고 이를 구현하고 스스로 작동하도록 하는 연습을 한다. 더 중요한 것은 학습의 이론적 토대뿐만 아니라 이러한 기술을 새로운 문제에 빠르고 강력하게 적용하는 데 필요한 실용적인 노하우를 얻을 수 있다는 것이다. 마지막으로, 기계 학습 및 AI와 관련된 실리콘 밸리의 혁신 모범 사례에 대해 알아본다."

코세라 인기 강사 중 독보적인 1위를 기록하고 있는 앤드류 응이 AI계의 4대 천왕이라고 불리는 이유는 그의 학문적 깊이뿐만 아니라 실용적인 사상에 기인한다. 앤드류 응의 과목은 머신 러닝 과목 외에도 무려 3과목이 톱10 안에 올라 있다.

앙트레프레너 매거진은 코세라의 톱10 강의를 다음과 같이 소개했다.

1. Machine Learning: 앤드류 응이 이끄는 머신 러닝은 지금까지 가장 많은 등록자를 기록한 MOOC 중 하나이다.
2. Learn to learn: UC샌디에이고의 바바라 오클리 박사가 가르치는 과목. 어려운 과목을 마스터하는 데 도움이 되는 강력한 정신적 도구를 제공한다. 모든 분야의 전문가가 사용하는 학습 및 기억 기술에 중점을 둔다.
3. The Science of Wellness: 예일대의 로리 산토스가 이끄는 이 과목은 학생의 행복과 생산성을 높이는 것을 목표로 한다.
4. Programming for everyone: Python파이썬으로 시작하여 컴퓨터 프로그래밍의 기초를 배운다.
5. AI for All: 앤드류 응이 이끄는 이 과목은 AI 관련 용어와 윤리, 그리고 조직이 AI 전략을 구축할 방법을 살펴본다.
6. Neural Networks and Deep Learning: 이 과목 역시 앤드류 응이 주도하며 딥 러닝이 "초능력"으로 부상함에 따라 이를 수강하는 사람들의 경력 및 경험을 개선할 것을 약속한다.
7. English for Career Development: 미국 정부가 부분적

으로 자금을 지원하며, 미국에서의 인터뷰 과정에 대한 조언을 포함하여 '글로벌 시장에서 경력을 향상'하고자 하는 비원어민을 위한 과목이다.

8. Algorithms, Part 1: 두 명의 프린스턴대 컴퓨터 과학자가 가르치는 이 과목은 기본 데이터 구조, 분류 및 검색 알고리즘에 대해 배우도록 한다.
9. Introduction to TensorFlow for Artificial Intelligence, Machine Learning and Deep Learning: 인공 지능으로 구동되는 확장 가능한 알고리즘을 구축하려는 소프트웨어 개발자를 대상으로 하는 과목이다.
10. What is data science?: 두 명의 IBM 데이터 과학자가 가르치는 이 초급 과정은 고대 이집트인이 세금 징수 효율성을 높이기 위해 인구 조사 데이터를 처음 사용했던 때로 거슬러 올라가는 것으로 시작한다.

앤드류 응은 코세라의 공동 설립자인 콜러와 비슷한 학자다. 그는 단순히 기술만을 가르치는 사람이 아니다. 그는 늘 인류 공영에 대한 관심과 연구를 병행하고 있는 인물이다. 앤드류 응은 2020년 11월13일자 트위터에 글을 올려 "인공지능을 다루는 커뮤니티Community가 추구해야 할 공통 가치 정립의 중요성"을 소개했다. '인공지능 커뮤니티가 해결해야 하는 4가지 문제'를 그는 다음과 같이 꼽았다.

1. 기후 변화와 환경 문제 Climate Change and environmental issues
2. 잘못된 정보와의 싸움 Combating misinformation
3. 코로나19를 포함한 의료 서비스 Healthcare including Covid-19
4. 설명 가능한 인공지능과 인공지능의 윤리 Explainable and ethical AI

Andrew Ng @AndrewYNg · Aug 13, 2020

Thanks to everyone that replied to my question on what the AI community should work on. I think if we come together as a community we can make better progress. I wrote about this in The Batch today (reposted here). Would love to hear your thoughts!

Thousands of you responded. The most frequently mentioned themes included:

- *Climate change and environmental issues*
- *Combating misinformation*
- *Healthcare including Covid-19*
- *Explainable and ethical AI*

Thank you to each person who responded. I have been reading and thinking a lot about your answers. Many of the most pressing problems, such as climate change, aren't intrinsically AI problems. But AI can play an important role, and I'm encouraged that so many of you want to do good in the world.

Each of us has a role to play. But we rarely succeed alone. That's why community matters.

To my mind, the defining feature of a community is a shared set of values. The medical community prioritizes patients' wellbeing. When one doctor meets another, their shared priorities immediately create trust and allow them to work together more effectively, say, consulting on complex cases or building initiatives to help underserved people. The academic community also has a history of collaboration stemming from its shared belief in the value of searching for and disseminating knowledge. So, too, in other fields.

76 466 2K

앤드류 응은 이 트윗에서 "우리가 하나의 공동체로 모이면 더 나은 발전을 이룰 수 있다고 생각한다"라고 썼다.

그와 공동 창업자 콜러의 활동을 종합해 보면 코세라는 인류가 함께 잘살 수 있는 방법을 고민한 두 과학자에 의해 만들어진 것이며 이는 교육분야에 머물지 않고 인류의 전 분야에 걸쳐 나타나기를 원하는 그들의 뜻이 담겨 있는 그릇임을 알 수 있다.

앤드류 응 교수는 AI 이슈가 아닌 다른 분야에 대해서도 꾸준히 목소리를 내는 인물이다. 그는 2020년 7월 미국 트럼프 행정부의 '온라인 유학생 비자 취소 및 추방' 정책#StudentBan이 "잔인하다Cruel"며 반대 의사를 표명한 바 있다.

팔로워가 약 60만 명인 자신의 트위터 계정에 그는 다음과 같이 썼다. 아래는 AI타임스의 기사이다.

"코로나19에 대처하기 위해 온라인으로 교육받는 유학생들을 강제로 떠나보내려는 미국의 새 정책에 놀라움을 금치 못한다. 때로는 온 가족이 더 나은 미래를 위한 교육에 힘을 한데 모으기도 한다. 이 정책은 사회에 기여하는 젊은이들에게 고통을 주고 필요한 인재를 잃게 할 것이다."

당시 미국 정부는 가을 학기에 모든 수업이 온라인으로 옮겨지는 대학의 외국인 학생들은 미국을 떠나야 할 것이라고 발표한 바 있다.

앤드류 응은 AI 4대 천왕이지만 늘 사람 중심의 사고를 피력한다. 그는 MIT 테크놀로지 리뷰와의 인터뷰에서 "AI 중심 비즈니스를 구축하려면 어떻게 해야합니까?"라는 기자의 질문에 다음과 같이 답변했다.

나는 보통 '그렇게 하지 마세요.'라고 말한다. 내가 어떤 팀에 게

"여러분, AI 중심으로 일하세요"라고 말하면 기술에 집중하는 연구실에는 좋을 수 있다. 그러나 사업을 수행하는 방식에 있어서는 늘 AI가 중심이 아니라 고객 주도적이거나 미션 주도적이야 한다고 말한다.

그의 이 인터뷰 내용은 시사하는 바가 크다. 고객 중심의 사업, 미션 중심의 사업이 되어야 한다는 것은 AI 시대에 사업을 하는 모든 사람이 마음에 두어야 하는 내용이라고 할 수 있다.

인용 출처

- Foster, L. (2020). Coursera's Most Popular Online Courses. Entrepreneur.
- Hao, Karen. (2021). Andrew Ng: Forget about building an AI-first business. Start with a mission. MIT Technology Review.
- Ng, Andrew. (2020). What is the most important problem that AI community should work on?, 2021, from https://twitter.com/AndrewYNg/status/1293672548589162496
- Ng, Andrew. (2021). Machine Learning. from https://www.coursera.org/learn/machine-learning?
- Wikipedia. (2021). Andrew Ng. https://en.wikipedia.org/wiki/Andrew_Ng
- 이윤정(2020). AI 4대천왕 앤드류 응, 미국 '유학생 추방 정책' 반대. AI타임스. http://www.aitimes.com/news/articleView.html?idxno=130391

제6장

파괴적 혁신 기업 코세라와 핵심 인물

앤드류 응, 대프니 콜러가 코세라를 창립한 2년 후, 이 온라인 공동체에 큰 변화가 일었다. 전 예일대 총장이었던 릭 레빈Rick Levin이 CEO로 부임한 것이다. 레빈은 예일대에서 1993년부터 20년의 재임 기간에 학교 기부금을 32억 달러에서 200억 달러로 올리는 혁혁한 공을 세운 인물이었다. 예일대는 이미 명문대였지만 그 덕분에 더욱 우뚝 솟은 최고의 명문대 중 하나가 되었다. 레빈 전 총장은 미국의 소외된 지역에서 온 학생과 유학생을 모집하려는 노력을 아끼지 않았다.

스탠퍼드대에서 역사학 전공을 했고 예일대에서 경제학으로 박사학위를 받은 바 있는 레빈 전 총장은 예일대의 국제화에 큰 기여를 한 바 있다. 이러한 그의 경력과 경험이 필요했던 코세라는 2014년 3월 그를 CEO로 영입했다. 2017년 6월 CEO 자리에서 물러날 때까지 그는 코세라가 1억 달러의 주식 펀드를 조성하도록 도왔다. 그는 또한 예일대 총장 시절의 경험을 최대한 살려 코세라가 국제화하고 권위 있는 기관으로 세워지는 데 중요한 역할을 했다.

레빈은 CEO 자리에서 내려오면서 "2014년 봄에 CEO 자리를 수락했을 때 이사회와 저는 코세라가 영감을 주며 아이디어를 확장하는 회사로 탈바꿈하는 데 도움을 주어야 한다는 것에 동의했다"며 "코세라에서의 3년이 매우 만족스러웠다. 등록자가 700만 명에서 2,600만 명으로, 과목은 150개 과정에서 2,000개 이상의 과정으로 증가했고, 직원도 65명에서 300명으로 늘어났다. 이러한 결과에 만족한다"라고 소감을 피력했다.

제프 마지온칼다 (Photo by Author US Department of Education)

코세라는 기업을 더욱 탄탄하게 하고 재정을 확장하고자 2017년 6월 제프 마지온칼다를 CEO로 영입했다. 마지온칼다는 경제학자였다. 그는 노벨상 수상자인 윌리엄 샤프William Sharpe와 공동 설립한 파이낸셜 엔진스Financial Engines Inc의 창립 CEO로서 18년 동안 근무한 바 있다.

파이낸셜 엔진스는 수백만 명의 사람들이 은퇴를 준비하고 저축을 하는 데 도움이 되는 온라인 투자 조언을 제공하는 회사였다. 스탠퍼드대 경영 대학원에서 MBA를, 그 전에는 스탠퍼드대에서 경제학 및 영어 학사 학위를 받은 마지온칼다는 파이낸셜 엔진스에서의 경험을 살려 코세라가 '파괴적 혁신 기업' 톱4에 오르는 데 중요한 역할을 했다.

미국의 CNBC 방송은 파괴적 혁신의 중심에 있으며 사이버 보안, 교육, 의료 IT, 물류/배송, 핀테크 및 농업 분야에 수십억 달러 규모의 새로운 비즈니스 물결을 일으킨 민간기업 50개를 선정해

매년 발표한다. 이 50개 기업은 대부분 재정 규모가 10억 달러(1조 이상) 수준의 유니콘 기업들이다. CNBC는 지난 2020년 코세라를 50개 기업 중 4위에 올리며 다음과 같이 이 혁신적 기업을 소개했다.

"캘리포니아주 마운틴 뷰에 본사를 둔 코세라는 전 세계 모든 개인에게 저렴한 비용으로 최고 대학의 온라인 과정과 학위를 제공한다. 코세라에서 제공하는 석사 학위를 위한 비용은 1만5,000달러에서 2만5,000달러 수준이다. 기존 대학에 다니면서 지불해야 하는 학비에 비하면 총 8만 달러를 절약할 수 있다. 코세라에는 4,800만 명의 사용자가 접속하고 있고 190개 이상의 고등교육학교, 조직 및 업계 파트너가 제공하는 비즈니스, 사회 과학, 수학, 언어 및 컴퓨터 과학과 같은 분야에서 3,000개 이상의 과목을 제공한다. 2,000개가 넘는 기업이 비즈니스를 위한 코세라Coursera for Business를 사용하여 직원이 미래의 직업을 재교육하고 준비할 수 있도록 한다. 지난 2020년 1월 코세라는 노스 텍사스 대학교와 함께 100% 온라인 학사 수료 프로그램을 시작했다. 이 회사는 약 1억 달러를 모금하고 그 가치를 16억 달러로 올리면서 새로운 이정표에 도달했다."

다음은 CNBC의 파괴적 혁신 50개 기업 명단(순위) 중 상위 20개 회사에 대한 간략한 소개이다. 쿠팡이 2위에 있어 눈길을 끈다.

1. 스트라이프Stripe: 금융 서비스 및 금융 소프트웨어 회사. 전자 상거래 웹사이트 및 모바일 애플리케이션을 위한 결제 처리 소프트웨어 및 애플리케이션 프로그래밍 인터페이스 제공.
2. 쿠팡Coupang: 세계에서 세 번째로 큰 전자 상거래 시장에 서비스를 제공하고 있으며, 24시간 이내에 99% 이상의 주문품을 배달하는 5,000명 이상의 운전자 보유.
3. 인디고 농업Indigo Agriculture: 목화, 밀, 옥수수, 대두 및 쌀의 수확량을 개선하는 것을 목표로 하며 농민들을 위한 작물 저장 및 기타 물류 프로그램 제공.
4. 코세라Coursera: 온라인 교육 서비스의 최고봉.
5. 클라나Klarna: 온라인 구매 고객이 이메일 주소와 우편 번호만 입력하여 상품을 구매할 때 대신 소매업체에 즉시 지불하는 서비스. 소비자는 클라나에 30일 내에 4회 무이자 지불 또는 6~36개월 동안 이자와 함께 지불.
6. 템퍼스Tempus: 인공지능을 통해 정밀 의학을 현실화.
7. 집라인Zipline: 배달 드론을 설계, 제조 및 운영하는 미국 의료 제품 배달 회사.
8. 소파이SoFi: 모바일 앱과 데스크톱 인터페이스를 통해 학자금 대출, 모기지, 개인 대출, 신용 카드, 투자 및 뱅킹을 포함하는 금융 상품 모음 제공.
9. 네티라Neteera: 스마트 홈을 위한 IoT 기술, 건강 관리 및 자동차
10. 고젝Gojek: 자카르타에 본사를 둔 주문형 멀티 서비스 플랫

폼 및 디지털 결제 기술.

11. 위랩WeLab: 온라인 소비자 신용 플랫폼 및 가상 뱅킹 제공.
12. 도어대시DoorDash: 미국 음식 배달 시장 점유율 1위.
13. 힐Heal: 의사의 가정 방문 연결.
14. 모반디Movandi: 5G 미래를 위한 네트워크 열쇠.
15. 베터닷컴Better.com: 온라인 모기지 격차 해소.
16. 그랩Grab: 동남아시아의 슈퍼 앱. 차량 서비스, 음식 배달, 지불 등과 같은 서비스 제공.
17. 레모네이드Lemonade: 인공지능 챗봇이 보험 상품에 가입하거나 보험금을 청구하는 것을 도움.
18. 루트 보험Root Insurance: 운전자가 모바일 앱을 갖게 되면 백그라운드에서 운전 동작을 모니터링한 후 보험 제공함.
19. 헬시닷아이오Healthy.io: 가정 기반 건강 테스트.
20. 굿RxGoodRx: 원격 의료 플랫폼과 미국에서 처방약 가격을 추적하고 약품 할인을 위한 무료 약품 쿠폰 제공.

인용 출처

- CNBC Staffs. (2020). These are the 2020 CNBC Disruptor 50 companies. from https://www.cnbc.com/2020/06/16/meet-the-2020-cnbc-disruptor-50-companies.html
- Sawers, P. (2017). Coursera gets a new CEO: former Financial Engines CEO Jeff Maggioncalda replaces Rick Levin, VentureBeat. Retrieved from https://venturebeat.com/2017/06/13/coursera-ceo-rick-levin-steps-down-to-be-replaced-by-former-financial-engines-ceo-jeff-maggioncalda/

Coursera
the Giant of MOOC
and Future Education

제7장
코세라의 글로벌화

코세라는 거의 모든 분야의 과목을 제공하는 글로벌 온라인 학습 플랫폼이다. 코세라는 혁신적인 온라인 학습 플랫폼을 통해 전 세계를 보편적으로 교육한다는 미션을 갖고 있다. 전 세계인은 수천 개의 코세라 과목에 무료로 접근할 수 있다.

코세라는 남아프리카, 네덜란드, 대만, 대한민국, 덴마크, 독일, 러시아, 멕시코, 브라질, 스웨덴, 스위스, 스페인, 싱가포르, 아르헨티나, 아일랜드, 영국, 오스트레일리아, 이스라엘, 이탈리아, 인도, 일본, 중국, 칠레, 캐나다, 콜롬비아, 터키, 프랑스, 홍콩, 러시아 등에 파트너가 있다. 대한민국의 파트너는 카이스트, 포항공대, 성균관대, 연세대, 동서대 등이다. 일본은 동경대학이 파트너 대학이고 중국은 북경대 등 7개 대학이 파트너로 연결되어 있다.

전 세계 학생들은 예술&인문학 분야의 338개 강좌, 비즈니스 1,095강좌, 컴퓨터 공학 668강좌, 데이터 과학 425강좌, 정보 기술 145강좌, 건강 471강좌, 수학 및 논리 70개 강좌, 자기개발 137개 강좌, 물리 과학 및 공학 413개 강좌, 사회 과학 401개 강좌, 언어 학습 150개 강좌에 접속할 수 있다.

코세라는 코로나19의 확산 이후 더욱 전 세계에 긍정적인 영향을 미쳤다. 코세라의 CCO인 베티 반덴보쉬Betty Vandenbosch는 코세라 블로그에 전 세계에 미친 코세라의 영향에 대한 글을 다음과 같이 남겼다.

* 코로나19 팬데믹 이후 듀크대는 중국의 캠퍼스를 폐쇄했고 3주 만에 600명의 학생을 대상으로 한 코세라 온라인 교육을 실시했다. 이는 캠퍼스 반응 이니셔티브Campus Response Initiative에 영감을 주게 되었다.
* 미시간대는 중국의 학습자들에게 단 1달러로 데이터 과학 전문화 3개 과목을 제공했고 순식간에 14,000명이 등록했다.
* 임피리얼 칼리지 런던Imperial College London은 '과학 문제: COVID-19에 대해 이야기 하자'라는 과목을 개설했고 125,000명 이상의 학습자가 여기에 등록했다.
* 바르셀로나 아우토노마 대학Universitat Autònoma de Barcelona 등 스페인 대학은 코세라에 코로나19 관련 과목을 스페인어로 제공해 40,000명의 학습자가 등록하도록 했다.
* 존스 홉킨스대Johns Hopkins Bloomberg School of Public Health with Bloomberg Philanthropies는 코로나19 접촉자 추적과 관련된 무료 과정을 시작하여 580,000명 이상의 전 세계 학습자가 이 과정에 등록하도록 했다.

코로나19 팬데믹이 전 세계에 영향을 미친 기간에 코세라의 200개 이상의 대학 및 업계 파트너는 코로나19와 관련된 고품질 학습을 통해 삶을 변화시키는 일에 기여했다고 반덴보시는 설명했다.

이와 같은 일은 코세라와 같은 온라인 교육 플랫폼만이 할 수 있다. 컨텐츠 개발 최고 책임자인 반덴보시는 "전 세계 160만 명이 코세라와 코세라 파트너의 컨텐츠로부터 혜택을 경험을 했다"라고 전했다. 필자는 유튜브가 처음 나왔을 당시 이 회사가 전 세계 동영상 시장을 석권할 것을 예상했던 것처럼 코세라가 온라인 교육 시장을 지배할 것으로 전망한다. 이유는 코세라의 출발이 교육 시장을 통해 돈을 버는 게 아니었기 때문이다. 이들은 늘 삶의 변화, 균등한 교육 기회, 고품질 컨텐츠 무료 또는 저렴한 가격 제공을 꿈꿨기 때문이다.

코세라는 설립자들의 정신을 결코 내려놓지 않고 있음을 하워드대학과의 파트너십을 통해 입증했다. 2021년 2월 코세라는 미국 내 흑인들을 교육하는 대학인 하워드대학과 파트너십을 맺었던 것이다.

하워드는 비즈니스를 위한 정보 시스템과 데이터 과학 전문 분야를 위한 수학 과목 제공을 시작으로 올해 말을 목표로 추가 과목 개설을 준비 중이다. 이 대학의 총장인 웨인 A.I. 프레더릭은 다음과 같이 소감을 말했다.

"코세라와의 파트너십은 유색 인종의 교육을 비즈니스 요구에 맞게 조정함으로써 유색 인종을 위한 취업 기회를 향상시키는 데 도움이 될 수 있다고 본다. 이번 파트너십은 또한 캠퍼스를 넘어 하워드대학의 비전과 사명을 전파하는 데 도움이 될 것이다. 우리의 세계적 수준의 교수진을 세상에 노출하는 것은 많은 사람이 체계적인 인종 차별에 맞서 싸우고 불평등에 맞서며 섬기는 리더십에 헌신하는 삶을 추구할 수 있도록 힘을 실어 줄 것이다."

코세라의 교육은 영어권 지역에 결정적으로 긍정적인 영향을 미쳤는데 최근 들어서는 스페인어권 지역에도 그 영향이 미쳐졌다. 스페인어로 강의하는 과정의 개설이 늘어났기 때문이다.

멕시코의 UAM 대학 학업 강화 및 협력 총괄 코디네이터는 "코로나19 팬데믹이 대면 교육에 미치는 영향을 고려할 때 UAM은 교수와 학생을 지원하는 온라인 컨텐츠를 만드는 데 중점을 뒀다. 코세라와의 파트너십을 통해 더 많은 디지털 리소스를 생성할 수 있으며, 상황이 개선되면 이러한 자료는 대면 교육 방법을 보완할 수 있다."라고 말했다.

코로나19가 종식되더라도 코세라의 디지털 교육은 더욱 성장할 것으로 보인다. 그리고 인터넷에 연결되지 않는 지역에 무선 인터넷이 들어간다면 코세라 교육에 대한 필요성은 더욱 높아질 전망이다.

일론 머스크가 이끄는 스페이스X의 위성통신 프로젝트 '스타링크'가 전 세계 오지로 들어가게 되면 수준 높은 고등 교육의 기회는 누구든지 얻게 될 것이다. 스페이스X는 2025년까지 전 세계를 대상으로 정식 서비스를 개시한다는 계획을 가지고 있는데 스페이스X와 함께 코세라는 더욱 성장 가도를 달리게 될 전망이다.

국내 대학들도 코세라와 발 빠르게 협업을 진행 중인데 그중 동서대학이 가장 적극적이다. 동서대학교는 코세라와 제휴하여 세계적 수준의 컨텐츠를 학생들에게 제공하게 된 것이다. 동서대학교는 코세라와의 협약을 통해 캠퍼스용 코세라 과목에 대한 무제한 액세스를 제공하게 되었다. 이 대학은 코세라 컨텐츠를 기존의 여러 과정에 통합하고 학생들에게 특정 학습 목표에 매핑된 추가 컨텐츠를 제공하게 된다. Coursera for Campus에 등록하는 모든 동서대 학생은 선호하는 과정에 등록하여 다양한 지식과 기술을 배울 수 있다. 이 파트너십을 통해 동서대 학생들은 코세라 플랫폼과 인증서에 무료로 액세스 할 수 있고 이 대학은 또한 영어 능력 향상 프로그램을 포함하여 적극적인 참여와 성공적인 수료를 장려하는 다양한 지원 시스템을 운영한다.

인용 출처

- 추현우. (2020). 일론 머스크의 위성 인터넷 '스타링크' 70만 예비가입자 확보, 디지털 투데이. Retrieved http://bit.ly/muskstarlink

- Dongseo University(2020). Dongseo University partners with Coursera to provide high-quality courses to its students. Retrieved from https://uni.dongseo.ac.kr/eng/?pCode=dsunews&mode=view&idx=407

- Vandenbosch, B. (2020). More than 1.6 million learners around the world benefit from partner contributions in Coursera's response to the pandemic. 2021, from https://blog.coursera.org/more-than-1-6-million-learners-around-the-world-benefit-from-partner-contributions-in-courseras-response-to-the-pandemic/

- Vandenbosch, B. (2021). Coursera partners with Howard University, expands social justice content, and collaborates with Facebook to offer scholarships to Black learners. from http://bit.ly/dongseocorsera

제8장
코세라의 각 과정

코세라에는 수천 강좌가 있다. 이를 6가지로 분류하면 다음과 같다.

1) 가이드 프로젝트: 가이드 프로젝트Guided Projects는 1-2 시간 안에 필요한 직무 관련 기술Job Related Skills을 배우는 것이다. 이 프로젝트는 다음과 같은 구조를 갖고 있다. 먼저 강의의 개요를 참가자가 읽게 된다. 강사로부터 안내를 받고 학습 목표를 확인한다. 그리고나서 프로젝트 작업을 위해 Rhyme이라는 도구를 열라는 메시지가 나온다. 프로젝트를 진행할 때 어떤 프로그램을 설치하거나 다운로드할 필요가 없다. 컴퓨터에 익숙하지 않아도 충분히 프로젝트를 경험할 수 있다. 코세라에서 가장 인기 있는 가이드 프로젝트의 제목은 다음과 같다.

ㄱ) Getting Started with Power BI Desktop ㄴ) Getting Started with R ㄷ) Google Ads for Beginners ㄹ) Build a Full Website using WordPress ㅁ) Introduction to Project Management ㅂ) Spreadsheets for Beginners using Google Sheets ㅅ) COVID19 Data Analysis Using Python ㅇ) Stock Valuation with Comparable Companies Analysis ㅈ) Curso Completo de Power BI Desktop ㅊ) Getting Started in Google Analytics

2) 강좌: 전 세계 최고의 강사와 대학의 강좌를 수강하는 것이다. 강좌에는 자동 등급 기록 및 동료 평가 과제, 동영상 강의

및 커뮤니티 토론 포럼이 포함되어 있다. 강좌를 완료하면 약간의 수수료를 지불하고 수료증을 받을 수 있다. 코세라에서 가장 인기 있는 강좌의 제목은 다음과 같다.

ㄱ) Machine Learning: Stanford University ㄴ) The Science of Well-Being: Yale University ㄷ) Indigenous Canada: University of Alberta ㄹ) Financial Markets: Yale University ㅁ) Introduction to Psychology: Yale University ㅂ) Psychological First Aid: Johns Hopkins University ㅅ) Managing Emotions in Times of Uncertainty & Stress: Yale University ㅇ) Successful Negotiation: Essential Strategies and Skills: University of Michigan ㅈ) Writing in the Sciences: Stanford University ㅊ) Stanford Introduction to Food and Health: Stanford University

3) 특화 과정: 특정 경력 기술을 익히는 과정이다. 학습자는 수준 높은 일련의 강좌를 수료하고 실습 프로젝트를 진행하여 특화 과정 수료증을 취득하게 되는데 이 결과물은 지원하는 회사와 공유할 수 있다. 코세라에서 가장 인기 있는 특화과정의 제목은 다음과 같다.

ㄱ) Data Science: Johns Hopkins University ㄴ) Business Analytics: University of Pennsylvania ㄷ) Strategic Leadership and Management: University of Illinois at Urbana-Champaign ㄹ) Data Engineering Foundations: IBM ㅁ) Excel Skills for Business: Macquarie University ㅂ) Anatomy: University of Michigan Entrepreneurship: University of Pennsylvania

ㅅ) Six Sigma Yellow Belt: University System of Georgia ㅇ) ICPM Certified Supervisor: Institute of Certified Professional Managers ㅈ) Fundamentals of Accounting: University of Illinois at Urbana-Champaign

4) 전문가 수료증: 새로운 분야에서 경력을 찾거나 현재 경력에 변화를 주고 싶다면 이 과정을 추천할만하다. 학생은 최고의 기업과 대학에서 자신의 속도에 맞게 학습하고, 잠재적 고용회사에 전문가임을 입증해주는 실습 프로젝트에서 새로 습득한 능력을 발휘할 수 있다. 경력 증명을 취득하여 새로운 커리어를 쌓을 수 있다. 코세라에서 가장 인기 있는 전문가 수료증 과목의 제목은 다음과 같다.

ㄱ) Google IT Automation with Python Professional Certificate ㄴ) IBM Data Science Professional Certificate ㄷ) Google IT Support Professional Certificate ㄹ) Cloud Architecture with GCP Professional Certificate ㅁ) SAS Programmer f) IBM Applied AI Professional Certificate ㅂ) IBM AI Engineering Professional Certificate ㅅ) Data Engineering with Google Cloud Professional Certificate ㅇ) IBM z/OS Mainframe Practitioner Professional Certificate by IBM ㅈ) Cloud Engineering with Google Cloud Professional Certificate by Google

5) MASTERTRACK™ 수료증: 유연한 대화형 포맷을 통해 획기적인 가격으로 대학에서 발급하는 수준 높은 경력 자격 증

명을 취득할 수 있다. 실제 프로젝트와 실무 전문가의 강의를 기반으로 한 몰입도 높은 학습 환경이 제공된다. 전체 석사 과정을 밟는 경우 취득한 학위에 대한 MasterTrack 수강 기록이 인정된다.

ㄱ) Social Work: Practice, Policy and Research, University of Michigan #1 ranked School of Social Work, U.S. News and World Report (2019) ㄴ) Instructional Design, University of Illinois at Urbana-Champaign, Top 25 Education School, U.S. News & World Report (2018) ㄷ) Machine Learning for Analytic, University of Chicago #3 National University, U.S. News & World Report (2019) ㄹ) Construction Engineering and Management, University of Michigan, Top 10 Civil Engineering Graduate Program, U.S. News & World Report (2018) ㅁ) Innovation Management and Entrepreneurship Innovation Management and Entrepreneurship, #1 Business School in Europe 2019 Financial Times, Financial Times (2019) ㅂ) Supply Chain Excellence, Rutgers University, #1 Public University, Northeast, US News & World Report (2019) ㅅ) AI and Machine Learning, Arizona State University, #1 Most Innovative School, US News & World Report (2020) ㅇ) Big Data, Arizona State University, #1 Most Innovative School, US News & World Report (2019) ㅈ) Blockchain Applications, Duke University, Top 10 National University, U.S. News & World Report (2020) ㅊ) Sustainability and Development, University of Michigan, Ranked the #3 public university in the United States, U.S. News and World Report (2019)

6) 학위: 합리적인 가격으로 상위권 대학의 학위를 획득할 수 있다. 모듈식 학위 학습 환경을 통해 언제든지 온라인에서 학습하고 강좌 과제를 완료하면 학점을 받을 수 있다. 오프라인 교실에서 수업을 받은 학생과 동일한 자격 증명을 받게 된다. 학점 취득 비용은 오프라인 캠퍼스 프로그램과 비교해 매우 저렴하다.

학사 학위: ㄱ) Bachelor of Science in Computer Science, University of London, 3 - 6 years, ㄴ) Bachelor of Applied Arts and Sciences, University of North Texas, Completely online | 15+ hours/wk

석사 학위: ㄱ) Computer Science and Engineering, Penn Engineering, 16 - 40 months, #8 Best National University (U.S. News & World Report, 2018) ㄴ) Master of Computer Science, Arizona State University, 18 - 36 months, #1 most innovative university in the U.S. (U.S. News & World Report, 2020) ㄷ) Master of Science in Electrical Engineering University of Colorado Boulder, 2 years, #5 in Best Online Master's in Electrical Engineering Programs (Guide to Online Schools, 2020) ㄹ) Master of Public Health, University of Michigan, 22 months, 1 public university in America (QS World Rankings, 2018) e) Global Master of Public Health, Imperial College London, 2 or 3 years, #10 ranked university in the world (Times Higher Education 2020) f) Master of Science in Population and Health Sciences, University of Michigan, Global Master of Business Administration (Global MBA), Macquarie University, 14 - 32 months, #1 Online MBA Program in Australia (CEO Magazine, 2020) g) Master of Business Administration (iMBA), University of Illinois at Urbana-Champaign, 2 - 3 years, #1 in Biggest Business School Innovations of the Decade (Poets&Quants, 2020) h)Master of Science in Accountancy (iMSA), University of Illinois at Urbana-Champaign, 1.5 - 3 years, #2 in Graduate Accounting Programs in the U.S. (U.S. News & World Report, 2020) i) Master of Computer Science in Data Science, University of Illinois at Urbana-Champaign j) MSc in Machine Learning, Imperial College London, 24 months, #10 ranked university in the world (Times Higher Education 2020) k)Master of Science in Data Science, University of Colorado Boulder, 2 years, #38 University in the World (Academic Ranking of World Universities, 2019)

그렇다면 코세라와 같은 MOOC 시스템에서 박사과정도 나올 수 있을까? 가능성은 매우 높다. MOOC에서 iMBA를 제공 중인 미국 일리노이대(어바나 샴페인)의 경우 2016년 MOOC 석사 과정을 제공한 후 인기가 높아져, 대면 석사 과정을 아예 취소할 정도에 이르렀다. 이 학교의 iMBA가 인기 있는 이유는 역시 비용 때문이다. 대면 과정에서는 4만 달러에서 6만 달러의 학비가 들어가지만 온라인 과정은 2만 달러로 학비가 절반 이상 뚝 떨어진다. 코세라에서 제공되는 이 석사과정에는 무려 1,000명이 등록했으니 학교 입장에서는 2천만 달러의 매출을 올리는 코세라 iMBA에만 집중할 수밖에 없다.

또 다른 MOOC 서비스 중 하나인 유다시티Udacity에 컴퓨터 공학 석사 과정을 제공하는 조지아 공대의 경우 등록생 1만 명을 기록했는데 이렇게 되면 그 수익금은 천정부지로 오르게 되어 있다. 이런 수익 모델이 만들어지면서 각 대학은 앞다퉈 석사 과정을 MOOC에 제공하게 된다. 조지아 공대의 컴퓨터 공학 석사 과정은 미국의 텔레콤 회사인 AT&T의 지원으로 80개 이상 국가 출신의 학생이 원하는 시간에 자신의 집에서 학위 이수 비용 7천 달러로 공부할 수 있도록 했다. 1만 명이 7000달러만 내도 그 매출은 7천만 달러이고 여기에 AT&T의 지원을 받으니 눈에 보이며 보이지 않는 소득은 실로 엄청난 것이다.

이런 분위기라면 박사 과정 개설도 머지않았다고 할 수 있다. 미국에서는 이미 많은 대학이 자체 온라인 과정을 통해 박사 과정을 제공 중에 있는데 존스 홉킨스, 콘코디아대(시카고), 리젠트대학, USC(남가주대), 조지 워싱턴대가 자체 온라인 프로그램에서 4개부터 12개까지 박사 과정을 제공 중이다. 그런데 이 과정이 MOOC로 간다면 조지아 공대나 일리노이대학처럼 큰 수익을 낼 수 있기에 대학이 생존을 위해서라도 MOOC에서 박사과정을 제공할 가능성이 매우 크다. 포브스지에 따르면 대학의 온라인 학위 프로그램이 큰 인기를 끄는 것은 나이 든 성인이 학교로 복귀하기 때문인 것으로 나타났다. 미국의 교육 통계 센터에 의하면 2017년 가을 미국 내에서 220만 명의 학부생이 온라인 학위 프로그램에 등록했고 870,000명의 학생이 온라인 학사학위를 받은 후 석사나 석사급 수료 과정에 등록한 것으로 나타났다. 이러한 추세와 MOOC의 글로벌화 그리고 평생교육의 일상화가 맞물려서 MOOC의 학위 과정은 고등교육의 대세가 될 전망이다. 다음은 US & 월드 리포트가 선정한 2020년 온라인 프로그램 우수 운영 대학 순위다.

MBA (335개 대학중) 1.Indiana University—Bloomington (Kelley) (tie) 1.University of North Carolina—Chapel Hill (Kenan-Flagler) (tie) 3. Carnegie Mellon University (Tepper) **Business, non-MBA** (188개 대학 중) 1. University of Southern California (Marshall) 2. Indiana University—Bloomington (Kelley) 3. Villanova University **Computer Information Technology** (62개 대학 중) 1. University of Southern California 2. Johns Hopkins University (Whiting) 3. University of Arizona **Criminal Justice (83개 대학 중)** 1. University of California—Irvine 2. Sam Houston State University (TX) 3. Boston University (tie) 3. University of Massachusetts—Lowell (tie) **Education (309개 대학 중)** 1. Clemson University (Moore) 2. University of Florida 3. University of Virginia (Curry) **Engineering (96개 대학 중)** 1. Columbia University (Fu Foundation) (tie) 1. University of California—Los Angeles (Samueli) (tie) 3. Purdue University—West Lafayette **Nursing (183개 대학 중)** 1. Rush University (Illinois) 2. University of South Carolina 3. Johns Hopkins University

인용 출처

- Coursera. (2021). Online Bachelor's Degree Programs. from https://www.coursera.org/degrees/bachelors
- Coursera. (2021). Online Master's Degree Programs. from https://www.coursera.org/degrees/masters
- Coursera. (2021). World-Class Learning for Anyone, Anywhere. from https://about.coursera.org/how-coursera-works/
- Georgia Tech College of Computing(2021). ONLINE MASTER OF SCIENCE IN COMPUTER SCIENCE. Retrieved from https://omscs.gatech.edu
- Nietzel(2020). U.S. News Releases Its Rankings Of The Best Online College Programs For 2020. Forbes from http://bit.ly/onlinedegreebest

Coursera
the Giant of MOOC
and Future Education

제9장

코세라 체험하기(1) 가이드 프로젝트

필자는 코세라의 가이드 프로젝트Guided Projects중 '비교 가능한 기업 분석을 통한 주식 가치 평가Stock Valuation with Comparable Companies Analysis'라는 프로젝트에 참여해보기로 했다.

영어 제목을 코세라에서 검색하면 이 프로젝트의 메인 화면이 나온다. 필자는 다음과 같은 과정으로 2시간짜리 가이드 프로젝트를 해보았다.

1. '무료로 등록'을 클릭하면 다음 화면으로 넘어간다.

2. Project-based Course Overview에서 '시작'을 누른다. 설명에는 10분 정도 소요될 예정이라고 나온다. 이 프로젝트 관련 기초적인 설명이 다음 화면에 나온다.

3. 모두 읽었으면 '완료'를 누른다. 그러면 오른쪽에 '다음 항목으로 이동' 버튼이 나오고 이것을 누르면 된다.

4. 다음 내용을 읽어본 후 '이 도구를 책임감 있게 사용하는 데 동의합니다.'를 선택한 후에 '열기 도구'를 클릭한다.

5. Rhyme으로 들어가게 되고 'This is your cloud workspace. 이곳은 당신의 클라우드 작업장소입니다.'라는 메시지가 나오고 그 아래

에 'Click to access' 버튼이 나온다. 이 버튼을 클릭한다.

6. 오른쪽 화면에는 강사의 영상 강의가 나오고 왼쪽에는 영상을 보면서 직접 연습을 할 수 있는 창이 뜬다. 영상을 보면서 따라 해보면 된다. 오른쪽 창에서 CC를 누르면 자막이 뜬다. 아직은 한국어 자막이 없다.

7. 강의를 들으면서 연습을 하고 나면 모든 컨텐츠 학습이 끝이 난다. 그리고 '퀴즈'를 볼 것인지 물어본다. 'Go to Project Home'을 누르면 메인 화면으로 가게 되고 여기서 '테스트'를 선택하면 된다.

8. '테스트'를 보고 합격 점수를 받으면 다음과 같은 수료증을 받게 된다.

코세라가 제공하는 가이드 프로젝트는 학생들이 실제 환경에서 새로운 기술을 사용하는 방법을 배우도록 이끈다. 학습자가 2시간 안에 직무 관련 기술을 습득할 수 있게 가이드 프로젝트가 디자인되어 있다. 시간 투자가 적으면서도 필요한 작업 기술을 배울 수 있는 게 가이드 프로젝트다.

기초적인 비즈니스, 기술 및 데이터 기술 구축부터 신경망 및 Markowitz 모델과 같은 변환 알고리즘을 위한 학습 기술에 이르기까지 많은 내용이 가이드 프로젝트에서 다뤄지고 2021년 5월 현재 약 400개의 프로젝트가 올려져 있다.

가이드 프로젝트는 대학 교수들이 아니어도 컨텐츠를 만들어 제공할 수 있다는 장점이 있다. 어떤 분야의 전문가라면 대학교수가 아니어도 가이드 프로젝트를 만들어 제공할 수 있는 것이다.

가이드 프로젝트는 지금까지 1,500개 이상 제공되었고 260만 명이 등록했으며 과목당 등록자수는 1,690명이었다. 어떤 가이드 프로젝트는 4만 명이 등록하기도 했다.

코세라는 일반인들도 MOOC 크리에이터가 되도록 장려할 전망이다. 이렇게 되면 학교 교육 시장뿐만 아니라 전문가 교육 시장까지도 석권할 가능성도 있어 보인다.

제10장
코세라 체험하기(2)
강좌와 전문 수료 과정

필자는 코세라의 강좌 중 한 과목을 택해보았다. 강좌의 제목은 '성공의 과학: 연구자들이 알아야 할 사항The Science of Success: What Researchers Know that You Should Know'이었다.

이 강좌는 2021년 2월13일까지 127,445명이 등록한 인기 과목이다. 강의는 미시간대학교의 폴라 카프로니 교수가 진행한다. 다음은 이 강좌에 대한 소개문이다.

"이 매력적인 과정은 원하는 목표를 달성할 수 있도록 설계되었다. 수십 년간의 과학적 연구를 바탕으로 성공한 사람들이 다른 사람들과 차별을 두고 하는 일, IQ가 성공의 가장 중요한 예측 변수가 아닌 이유(IQ는 때로는 역효과를 낼 수 있음), 그리고 흔히 생각하는 많은 신념이 사람들의 목표 달성을 방해하는 이유를 알게 되는 과목이다.

이 과정은 성공의 과학을 기반으로 하지만, 특히 다음 세 가지 주요 영역에서 자신의 삶에 즉시 적용할 수 있는 많은 실용적인 아이디어를 배우도록 한다.

- 직장(및 학교)에서 더 나은 결과 얻기
- 경력의 성공적인 달성
- 의미 있고 행복하며 건강한 삶을 즐기기

이 과정을 마치면 대부분의 사람이 인생의 성공을 예측하는 것에 대해 이전보다 더 많이 알게 될 것이다. 배우게 될 가장 중요한 교훈 중 하나는 작은 승리를 통해 날마다 성공을 얻을 수 있다는 것이다. 함께 목표를 더 빨리 달성하고 자신의 기대치를 초과하는 데 도움이 될 수 있는 작고 달성 가능한 행동이다. 따라서 가장 소중한 삶의 목표를 달성하기 위한 구체적인 단계로 배운 내용을 전환할 수 있는 상세한 실행 계획을 완료할 수 있는 기회가 있다."

필자는 기대하는 마음으로 이 강좌에 들어가 보았다.

1. '무료로 등록'을 클릭하면 다음 화면으로 넘어간다. 수료증을 원하면 49달러를 지불해야 하고 그저 강의만 듣고 싶으면 무료로 진행할 수 있다.

2. On Street Interviews - What is Success? 에서 '시작'을 누른다. 사람들에게 성공의 의미를 물어보았고 이에 대해 답을 한 영상이다. 1분짜리 영상이다.

3. 다음으로 넘어가면 Welcome and Why I Created this Course 이라는 영상이 나온다. 강사인 폴라 카프라니 박사가 나와서 이 강좌를 제공한 목적을 설명한다. 한국어 자막을 선택해서 볼 수 있다. 한국어 번역은 나쁘지 않은 편이다. 강사의 의도를 파악하는 데 큰 어려움이 없다. 그러나 부족한 번역 퀄리티는 영어를 알아들을 수

있으면 더 좋겠다는 생각이 들게 한다. 그리고 다음으로 넘어가면 What is Success? 라는 강의로 본격적인 시작을 한다. 역시 한국어 자막을 볼 수 있는데 중간에 영어로 질문이 나오지만 구글 번역을 통해 번역하면 별문제 없이 이해할 수 있는 쉬운 질문이다. 질문에 대해 성찰하는 시간을 가져 보라고 한다.

4. 첫째 주 두 번째 영상 강의가 끝나면 자신을 소개하는 페이지가 나온다. 여기서 자신을 소개해야 한다. 영어 표현이 서툴러도 구글 번역기가 있기에 우리는 충분히 자신을 영어로 소개할 수 있다.

5. 첫째 주 세 번째 영상 강의가 끝나면 퀴즈가 나오는데, 아쉽게 한국어로 번역은 되지 않는다. 그러나 내용을 긁어서 구글 번역에 돌려볼 수는 있어 여전히 한국어로 퀴즈보기가 가능하다. 퀴즈에서 80% 이상을 받아야 다음 단계로 갈 수 있다.

6. 둘째 주로 가면 2주차 강의가 뜬다. 제목은 '성장 마인드란 무엇이며 성공하는 데 어떻게 도움이 됩니까? What is a Growth Mindset and How Can it Help You Succeed?'이다. 코세라 동영상 강좌에서 좋은 점 하나는 원하는 장면에서 '노트 저장'을 누르면 해당 장면을 추후에 '노트'를 눌러 다시 볼 수 있다는 것이다.

7. 그다음에는 읽으면 좋을 추천 도서들이 나온다. 이 책들을 읽으면서 강의를 들으면 훨씬 더 유익하다.

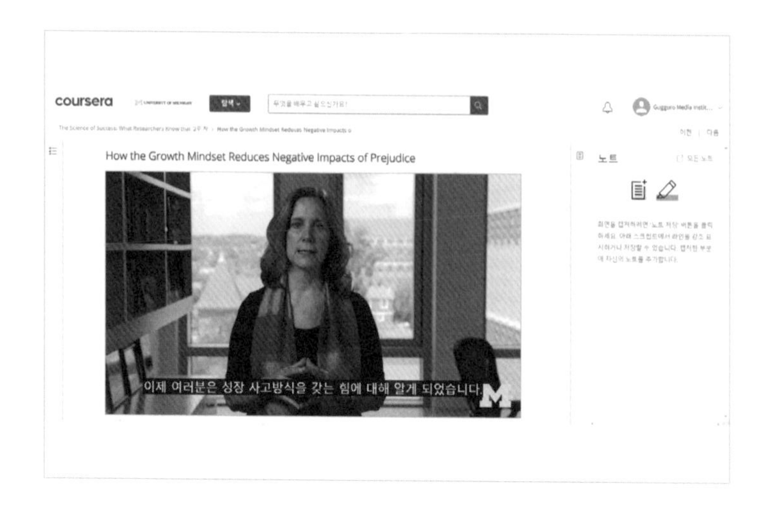

8. 다음 내용을 읽어본 후 '이 도구를 책임감 있게 사용하는 데 동의합니다.'를 선택한 후에 '열기 도구'를 클릭한다.

9. Rhyme으로 들어가게 되고 'This is your cloud workspace 이곳은 당신의 클라우드 작업장소입니다'라는 메시지가 나오고 그 아래에 'Click to access' 버튼이 나온다. 이 버튼을 클릭한다.

10. 오른쪽 화면에는 강사의 영상 강의가 나오고 왼쪽에는 영상을 보면서 직접 연습을 할 수 있는 창이 뜬다. 영상을 보면서 따라해보면 된다. 오른쪽 창에서 CC를 누르면 자막이 뜬다. 아직은 한국어 자막이 없다.

11. 강의를 들으면서 연습을 하고 나면 모든 컨텐츠 학습이 끝이 난다.

그리고 '퀴즈'를 볼 것인지 물어본다. 'Go to Project Home'을 누르면 메인 화면으로 가게 되고 여기서 '테스트'를 선택하면 된다.

12. '테스트'에 임해 합격 점수를 받으면 다음 레슨으로 넘어가게 된다. 그리고 각 레슨을 마치고 몇 가지 추가 과정을 통과하면 수료증을 받을 수 있다.

이런 식으로 강좌를 끝내고 소정의 금액을 내면 수강자는 수료증을 받을 수 있다. 이런 강좌에 익숙해지면 전문 수료증 과정도 도전해볼 만하다. 요즘 가장 인기 있는 전문 수료증 과정은 구글에서 제공하는 과정이다. Google Data Analytics, Google Project Management, Google UX Design, Google IT Support 등이 있다.

위 구글 강좌 중에서 Google Project Management 과정의 등록과 진행 과정을 간략하게 살펴보겠다. 참고로 구글 측은 코세라에 제공되는 전문 수료과정을 잘 마친 사람은 학력에 상관없이 구글의 협력사 130개 회사에 적극 추천하며 가능한 고용되도록 힘쓸 것이라고 발표한 바 있다. 대학 학력의 파괴가 일고 있는 것이다. Google Project Management 과목의 홈페이지로 들어가서 '무료로 등록'을 누르면 과정 등록이 된다.

1. 7일 동안 무료로 접속할 수 있고 과목이 마음에 들면 7일 후에 39

달러를 지불해서 이 과목을 마칠 수 있다. 일단 Start Free Trial을 클릭한다.

2. 신용카드 정보를 넣어야 한다. 7일 후에 이 과정이 마음에 들지 않으면 취소하면 되고 39달러는 지불하지 않아도 된다. 이어 자신의 커리어에 대한 정보를 입력한다.

3. 수료 과정에 들어갈 준비가 되었고 Get Started를 누르면 된다.

4. Welcome to the Google Project Management Certificate 강의가 나오고 Project Management가 무엇인지를 강사가 설명한다. 아쉽게도 한국어 번역은 없다. 영어 이해가 어느 정도 되는 분만 참여하기를 바란다. 아니면 영어 텍스트를 구글 번역으로 돌려서 번역을 보면서 진행할 수도 있다.

5. 강의를 듣고 다음 단계로 넘어가면 고맙게도 '이 과정을 마치는 것에 대한 헌신 서약문'과 '이 과정을 잘 마치는 법'에 대한 내용이 나온다.

6. 그리고 참가자 설문조사가 나온다.

7. 계속 영상 강의를 듣다보면 What does a project manager do? 라는 영상 강의에서 드디어 질문이 나온다.

8. 짧은 영상 강의를 들으면서 나아가면 중간에 토론도 해야 한다. 자신의 의견을 올리고 다른 사람의 글에 댓글을 달아야 한다.

9. Week1에서 영상 10개쯤을 보면 퀴즈가 나온다. 80%를 받아야 통과다. 필자는 문제가 그렇게 어렵지는 않아서 이 과정을 통과했다. 강사가 Wrap-up에서 '나가는 말'을 한다.

10. 그리고 Week1의 최종 통과 시험을 보게 되는데 8시간 동안 총 3번의 시험을 볼 기회가 있고 점수는 100점 중 80% 이상을 받아야 한다. 필자는 다행히(?) 패스를 했다. 총 4주의 프로그램 중에 4분의1을 마쳤다. 그리고 나머지 3주의 과정도 무사히(?) 마쳤다. 그리고 아래 수료증을 받았다.

제11장

코세라 체험하기(3) P-MOOC로 진행

코세라는 MOOCMassive Open Online Course 시스템의 최고봉이다. 즉 강의 참가자 수에 제한 없이 온라인 공개수업을 하는 시스템에서 세계 최고의 회사다. MOOC무크에서 잘하려면 자기주도 학습능력이 어느 정도 있어야 한다. 그래서 MOOC에서의 수료율은 5-10%에 그친다.

여기서 새롭게 대두되는 것이 P-MOOCPersonalized Massive Open Online Course 시스템이다. 개인화된 온라인 공개수업을 의미하는데 P-MOOC와 MOOC 공통점은 웹 서비스를 기반으로 공개수업을 진행하는 상호 참여적 수업이라는 점이다. 다른 점은 MOOC는 거대규모의 '일대다'의 교육방식이라면 P-MOOC는 '일대일'의 맞춤형 교육방식으로 진행될 수 있다.

필자가 미래교육플랫폼과 공동으로 진행하고 있는 증강학교는 바로 이 P-MOOC피무크 시스템을 도입해 MOOC에 접근하고 있다. P-MOOC에는 두 가지 방식이 있다. 먼저, 여러 명이 같은 과목을 함께 듣는 방식이다P-MOOC1. 두 번째는 자신이 원하는 과목을 듣는 방식이다P-MOOC2. 증강학교에서는 두 가지 방식을 병행한다.

첫 번째 방식인 P-MOOC1을 어떻게 진행했는지 돌아보기로 한다.

함께 들은 강좌의 제목은 다음과 같았다. Learning How to Learn: Powerful mental tools to help you master tough subjects by McMaster University & University of California San Diego. 번역하면 맥매스터대학과 UC 샌디에이고가 공동으로 제공하는 '학습 방법 배우기: 어려운 과목을 마스터하는 데 도움이되는 강력한 정신 도구'이다.

초등학생부터 고등학생까지의 증강학교 학생들로 하여금 이 강좌를 등록해 따로 강의를 보게 했다. 다행히 한국어 자막이 있어 자막을 보며 수업이 가능했다. 중간에 자막이 안 나오는 레슨은 구글 번역기를 돌려 공유하면서 강의를 시청했다. 학생들은 매일 수업 내용을 지정의 학습을 통해 정리했다. 지정의 학습은 필자가 고안해낸 학습 방법이다. 이에 대한 자세한 내용은 '하버드에도 없는 AI시대 최고의 학습법'이란 책을 참고하기 바란다.

학생들은 수업 내용을 단순히 요약하는 게 아니라 지정의로 작성을 해야 하는데 그것으로 그치지 않고 저녁 시간에 부모님과 토의를 해야 한다. 또는, 부모님과 함께 강의를 보며 지정의를 작성한다. 이는 MOOC무크를 활용한 완벽한 P-MOOC피무크이다.

여기에 지정의로 작성한 내용을 학생들은 네이버 밴드방에 올리고 학생과 학부모는 '선플 폭격'을 가한다. 우리는 늘 '악플 폭격'에 대한 이야기를 많이 들었는데 '선플 폭격'이라는 것을 처음 경험하게 되었다.

다음은 Module1의 What is learning?이란 강의를 듣고 학생들이 작성한 지정의 내용이다. 학생 이름 옆의 숫자는 만으로 나이다.

김호겸 | 증강학교, 13

글 요약

아이들의 장점은 완벽주의적인 성향을 가지고 있지 않다는 것이다. 언어는 시험이 아니다. 실수해도 괜찮고 즐겨야 한다. 언어를 잘난 척하기 위해 배우는 것은 최악의 경우다.

지 언어를 배울 때나 무언가를 배울 때 '자신감'이 가장 중요하다는 것을 알게 되었다. 나는 월요일 영어 시간에 '자신감'이 부족해 제대로 말하지 못 했다. 하지만 자신이 틀려 창피하고 놀림 받을 것 같다는 생각을 버리고 '자신감'으로 생각을 깨야 한다. 자신감을 갖고 질문하고 틀려도 계속 말하면 학습 효과가 엄청나게 올라갈 것이다.

정 그 어느 곳에서도 들을 수 없는 언어학자의 인터뷰를 들어 감사하다. 나는 그동안 영어를 배울 때, 지정의 학습을 할 때, 수업을 들을 때 '틀리면 어떡하지'라는 생각으로 불안했다. 하지만 지금 돌이켜보니 이런 생각을 한 것이 창피하고 안타까웠다.

의 나는 앞으로 내가 성장하면서 잊힌 나의 '자신감'을 찾아보겠다. 앞으로 영어 수업을 할 때 '어..' '음..' 이런 말을 하지 않고 자신 있게 틀리겠다. 영어로 질문을 1개 이상 하도록 하겠다.

김주혜 | 증강학교, 13

글 요약

언어를 제대로 배우지 못하는 것은 '나는 못 할 거야'라는 끊임없는 자기 자신에 대한 세뇌 때문이라고 한다. 그리고 늘 언어를 제대로 배우지 못하는 상황에 처해있다고 계속 부정적인 사고를 돌린다. 그렇기에 우리는 언어를 배울 수 없었던 것이다.

지 나는 나에게 언어적 DNA가 없는 줄 알았는데 그것 또한 핑계였다는 것을 알았다. 그리고 세상 언어 중 그나마 쉬운 영어를 아직까지도 못하는 것이 '나는 영어를 못한다' 라는 내 스스로의 세뇌 때문이었다니 뭔가 정곡이 찔린 것 같은 느낌이 든다.

정 나는 내가 언어에 재능이 없는 것 같아서 슬펐는데 언어를 제대로 못 했던 이유가 스스로의 세뇌 때문이었다니 스멀스멀 나오던 슬프고 우울한 감정이 쏙 들어가는 것 같다.

의 나는 앞으로 외국어를 접할 때 너무 큰 두려움을 가지고 접하지 않겠다. 틀려도 괜찮다는 생각으로 모국어를 하듯이 편안하게 임해보도록 하겠다. 덤으로 '나는 천재야, 언어 천재'라는 생각도 머릿속에 넣고 지내도록 하겠다.

송하준 | 증강학교, 12

글 요약

- 일주일간 배운 내용 요약
- 집중과 분산
- 분산(새로운 것을 배울 때 운동과 같은 여유를 누리는 시간 필요)
- 포모도로(25분 타이머로 미루는 습관 이겨내기)
- 정신적인 휴식(배움의 확장과 강화)
- 추상적인 것들을 의미화하여 연습과 반복을 하는 훈련이 중요함
- 잠을 자는 것이 뇌의 독소를 제거(잠자기 바로 직전 배운 것이 있다면

그것을 더욱 잘 정리해서 기억)

- 기억력과 학습 능력을 배양하려면 연습이 가장 좋다.
- 효율적으로 배움을 유지하는 법을 아는 것은 삶의 지혜.

지 일주일간 배운 내용을 다시 한번 뚜렷이 정리해보는 강의였다. 이 효율적인 학습을 배우는 강의는 포기해선 안 되겠다. 이것은 효율적으로 배움을 유지하는 방법을 아는 삶의 지혜이기 때문이다.

정 어떻게 하면 더욱 효율적인 공부를 하고 그것을 유지할 수 있는지를 알게 된 학습이어서 다음 강의도 기대되었다.

의 기존의 공부법에서 이번 주 강의에서 들은 대로 더욱 효율적인 공부를 하기 위해 제시해준 포모도로와 분산의 시간을 오늘 하루 동안 리스트에 써서 실천해보겠다.

위와 같은 글을 쓸 때 학생 스스로 쓸 수도 있고 부모님과 상의해서 쓸 수도 있다. 어떻게 쓰든 부모님과의 토론은 필수다. MOOC로 공부하는 P-MOOC에 대해 학생들은 다음과 같이 소감을 적었다.

김호겸 | 증강학교, 13

가족과 처음으로 소통을 하는 시간이어서 처음에는 지루하고 피곤했지만 여러 번 하다 보니 가족이 자랑스러웠다. 토론을 경험하게 해주셔서 감사하다.

정하진 | 증강학교, 12

가족들이랑 토론을 할 때 자유롭게 서로 나눴는데, 너무 자신의 말만 하는 동생 때문에 답답했고 짜증이 났지만, 가족과 하니까 뭔가 좀 더 활기찼고 평화롭지는 않았어도 재미있었다.

양성규 | 증강학교, 12

가족 토론을 통해서 지정의 내용이 더 잘 이해가 되어서 활기찼고, 지정의를 쓸 때 열중한 내가 자랑스러웠다.

손지우 | 증강학교, 12

처음에는 가족과 같이 토론하라고 했을 때 할 일이 2배가 된 것 같아서 막막하고 짜증 났는데 가족과 의견을 나누고 보니 깨달음과 배움이 2배가 된 것 같아서 기뻤다.

정지원 | 증강학교, 14

가족들과 지정의를 쓰고 함께 토론하면서 동생들이 자꾸 싸워서 답답하고 그 자리에 앉아있기가 괴로웠다. 그리고 원래 의도대로 잘 되지 않아서 안타까웠다. 하지만 점점 잘 되어가고 개선

되는 모습에 감동적이고 감사했다.

정희원 | 증강학교, 9

맨 처음에는 언니오빠와 함께 토론하라고 FT님이 말씀하셔서 귀찮기도 했다. 하지만 계속 하다 보니 모르는 것들도 설명해줘서 더 재미있어졌고 매일 일찍 쓰고 정리해서 말해주는 언니에게 고맙기도 했다.

김주혜 | 증강학교, 13

처음에는 부모님과 함께 하는 토론이 지루할 줄 알았는데 의외로 혼자 생각할 때보다 좌절감같은 감정이 덜한 것 같았다. 부모님이라는 지원군이 있으니 든든한 마음도 들었다.

김수겸 | 증강학교, 15

가족 토론을 하라고 해서 할 일이 2배가 되는 것 같아서 걱정되었지만 이 토론을 하고 내가 깨달은 점, 진정한 감정이 든 것 같아서 FT님에게 감사하고 이 토론을 하는 것이 기대되었다.

나가람 | 증강학교, 12

평소에 가족과 대화하는 것을 별로 안 좋아했다. 가족 토론을 하라고 하셔서 막막했는데 생각했던 것과 다르게 부모님과 대화를 하면서 서로 이해해주는 부분이 있어 너무 재밌게 토론을 했다.

송하준 | 증강학교, 12

가족과 처음 토론을 하라고 하셨을 때 뭔가 귀찮고 불편한 느낌이 있었지만 의견을 맞춰나가고 내 의견을 편하게 이야기하면서 나누다 보니 가족과의 관계도 좋아진 것 같고 이런 컨텐츠를 만들어주신 교수님과 FT님들께 감사하다.

이렇게 P-MOOC1은 순조롭게 진행됐다. P-MOOC1은 참여한 사람 모두 공통 과목을 택하는 것이다. 두 번째 시도한 것은 P-MOOC2이다. P-MOOC2는 자신이 원하는 과목을 자유롭게 선택하는 것이다. 이를 위해 필자는 학생들로 하여금 K-무크에 등록을 하도록 했다. 코세라는 아직까지는 한국어 번역이 잘 된 강좌가 많지 않아 필자는 학생들에게 약 900개의 한국어 강좌가 있는 K-무크에서 자유 주제를 공부하라고 권유했다.

학생들이 선택한 과목은 '4차 산업혁명과 창업 비즈니스' 'HTML에서 웹앱까지' '운동선수는 외계인인가' '미래직업 : 3D 프린터 운용 전문가' '빨주노초파남보 나의 삶 속의 색' '경제통계학 1부: 그림과 수치를 이용한 자료의 정리' '언어와 인간' '애니메이션의 이해' '음악과 과학/기술' '건축으로 읽는 사회문화사' 등이었다.

K-무크의 과목은 철저히 혼자 진행하게 되었으며 수업을 마친 학생은 학기 중에 자신이 택한 과목에 대한 발표를 하게 했다. 발

표는 20분이고 PPT로 과목에 대한 설명과 소감 그리고 미래교육과의 연관성 등을 발표할 것을 요청했다. PPT는 '아이처럼' 하지 말고 미리캔버스나 캔바를 사용해 프로페셔널하게 준비할 것을 강조했고 오타가 있지 않게 온라인 철자법에서 반드시 검사를 할 것을 요구했다. 강의를 어떻게 들을 것인지 강의 계획서도 미리 올리도록 했다. 이는 자기주도학습에 익숙해지도록 하기 위한 준비 과정이었다. 이렇게 코세라와 K-무크를 적절하게 활용하는 P-MOOC2 수업은 순조롭게 진행되었다.

이는 평생 자기주도학습에 익숙해지도록 하기 위한 준비 과정이었다. P-MOOC2는 자신이 원하는 과목으로 택하게 했고 토론과 상호 소통 없이 혼자 학습을 하도록 해서 평생교육을 준비시키는 개념으로 진행했다.

이런 개념이 이전에는 POOCPersonalized Open Online Course로 알려졌었는데 필자는 이번에 본격적으로 MOOC 활용을 시작하면서 P-MOOC라고 명명했다. 세계 최초로 P-MOOC가 시작되었다고 보면 된다.

다음은 P-MOOC1이 진행되고 있는 가정의 모습이다.

P-MOOC이
진행되고 있는
가정의 모습

Coursera
the Giant of MOOC
and Future Education

제12장
코세라 체험하기(4)
번역 그룹

코세라의 또 하나의 강점은 언어 공동체가 있다는 것이다. 코세라의 강의를 각 나라의 언어로 번역하는 공동체다. 아래 그림에서 보면 Sign up for the Global Translator Community가 있는데 여기를 누르면 번역팀에 참여할 수 있다. 필자는 한국어 번역 그룹에 들어갔다.

한국어 번역 그룹에 들어가면 다음과 같은 메시지가 나온다.

"반갑습니다! 코세라 한국어 번역팀에 오신 것을 환영합니다! 새로 오신 분이라면 왼쪽에 있는 목록에서 Get Started를 선택하여 GTC에 관한 설명을 읽어보시길 바랍니다.

Smartling에 들어가면 번역 가능한 과목과 진행 상황을 볼 수 있습니다. 원하시는 Course에 들어가서 번역하시고 검토를 원하시는 경우 해당하는 과목의 Forum에 글을 남겨주시길 바랍니다.

원하는 과목이 목록에 없다면 Coordinator에게 메시지를 보내시거나 신청 링크(https://docs.google.com/forms/d/1A9AQnn-hK5V5BJKqim9OdodFtzEUN-zu-eUIkv7VQUMA/viewform)를 주기적으로 확인하고 있으니 신청하시길 바랍니다.

번역을 시작하기 전에 한국어 번역 가이드(읽기)를 참고하시기 바랍니다.

번역은 검토되고 나면 24시간 내로 해당 강좌에 적용됩니다. 번역이 검토된 이후에도 자막이 나타나지 않거나 다른 문의 사항이 있으면 언제든지 Coordinator에게 메시지를 보내어 문의하시기 바랍니다.

감사합니다!"

사람이 번역한 과목은 다음 표와 같다. 사람이 번역하지 않은 과목은 AI가 번역하는데 번역이 어느 정도 알아들을 만한 수준이다. 따라서 사람 번역이 들어가 있지 않은 과목인데 꼭 듣고 싶으면 한국어 자막을 켜면 된다. 물론 어떤 과목은 AI 번역조차도 없을 수도 있다.

COURSES THAT THE KOREAN COMMUNITY CURRENTLY TRANSLATES

Course Name	Coordinating LC	Translate %	Review %	Forum
Lesson | Video Conferencing: Face to Face but Online	telgip	100%	100%	
Philosophy and the Sciences: Introduction to the Philosophy of Cognitive Sciences	telgip	84.89%	71.25%	
Cloud Computing Concepts: Part 2	Wonhee Jung	99.48%	99.48%	
AI For Everyone	Wonhee Jung	20.08%	2.22%	
Health Concepts in Chinese Medicine	telgip	1.21%	1.21%	
Cloud Computing Applications, Part 2: Big Data and Applications in the Cloud	Wonhee Jung	5.31%	5.31%	
The Horse Course: Introduction to Basic Care and Management	telgip	1.82%	1.1%	
Probabilistic Graphical Models 1: Representation	Lee Jiyeon	0.93%	0.52%	
Cloud Computing Applications, Part 1: Cloud Systems and Infrastructure	Wonhee Jung	5.85%	5.56%	
Lesson | Get Ready for the Interview	telgip	100%	100%	
Moralities of Everyday Life	telgip	2.65%	2.58%	
Data Science in Real Life	Kyungjin Cho	35.96%	30.16%	
Public Policy Challenges of the 21st Century	Kyungjin Cho	2.88%	2.88%	
Cloud Computing Concepts, Part 1	Wonhee Jung	100%	100%	

번역 공동체 방에서 화면 왼쪽에 보면 Translate가 있다. 여기를 누르면 내가 번역할 수 있는 과목 목록이 뜬다. 여기로 가면 얼마나 많은 과목이 번역되고 있는지 볼 수 있다. 꽤 많은 과목이 현재 한국어로의 번역이 진행 중이다.

이 번역 작업을 증강학교 학생들이 자발적으로 진행했다. Learning How to Learn이라는 과목은 처음에는 한국어 번역이 잘 제공됐지만 중반부 이후부터는 간혹 번역이 제공되지 않았다.

이때 증강학교의 양성규 학생이 번역본을 단체방에 올려서 함께 볼 수 있도록 했고 다른 학생들도 자극받아 번역본을 공유하기 시작했다.

필자는 이를 한국어 번역 그룹 안에 올렸고 승인을 기다리고 있는 중이다. 양성규 군이 구글 번역을 사용해서 번역한 내용은 다음과 같다.

“Robert Gamache 박사는 Thomson Reuters에 의해 2014년에 세계에서 가장 영향력있는 과학 전문가 중 한 명으로 지명되었습니다. 그는 현재 매사추세츠 대학에서 학업, 학생 및 국제 관계 담당 부사장을 역임하면서 동시에 환경 지구 및 대기 과학과의 교수로 일했습니다. Gamache 박사의 관리자 경력에도 불구하고 그는 거의 10년 동안 매사추세츠 대학교 해양 과학 대학의 학장을 역임했습니다. Gamache 박사는 매우 활동적인 연구원입니다. 2011년에 매사추세츠 대학 로웰 교수진이 가장 많이 인용한 10개의 출판물 목록 중에서 그는 상위 3개 논문을 포함하여 10개 중 5개 논문의 공동 저자였습니다. Gamache 박사의 현재 연구는 분자의 선 모양 문제와 관련이 있습니다. 궁극적으로 이 작업은 행성 대기를 이해하는 데 중요합니다. NASA와 유럽 우주국의 임무를 지원합니다. Gamache 교수는 Suzanne과 결혼하여 Justine과 Peter라는 두 자녀와 매우 영리한 개 Newton을 두고 있습니다. 그는 Gamache 교수가 자신의 수업에 뉴턴의 법칙을 설명하도록 도와줍니다. 그것으로 질문을 시작합시다. Dr. Gamache,

당신이 여기에 있어 기쁩니다. 첫 번째 질문부터 시작하겠습니다. 이 질문은 프랑스어와 영어로 이중 언어를 구사합니다. 이중 언어 배경에 대해 조금 말씀해 주시고 과학 및 전반적으로 학습에 어떻게 영향을 미칠 수 있습니까? >> 물론입니다. 프랑스어 공부에 대한 몇 가지 흥미로운 점이 있습니다. 저는 프랑스에서 일할 기회가 있었고 일찍이 언어를 배우기로 결심했습니다. 저는 당시 30대 후반이었습니다."

앞서 거론했지만 번역이 충분히 이해할만한 수준이었다.

나는 청소년들이 자발적으로 번역하는 모습을 보며 구글의 주요한 코세라 과목을 청소년들과 함께 번역하는 캡스톤 프로젝트를 진행해야겠다는 생각을 했다. 번역은 단순한 과제가 아니라 해당 분야에 집중하면서 컨텐츠에 몰입할 수 있는 좋은 기회를 제공한다.

그런데 코세라가 구글의 번역 빅데이터 시스템을 자동으로 걸게 된다면 수천 개 강의가 꽤 높은 수준으로 자동 번역될 날도 머지않았다. 구글이 코세라에 주요 강의를 넣는 것으로 봐서는 그런 날이 곧 올 것으로 보인다.

제13장
K-무크는 무엇인가

K-MOOCKorean Massive Open Online Course, 케이무크, 한국형 온라인 공개강좌는 국가평생교육진흥원에서 진행하는 한국형 MOOC다. 코세라처럼 대학의 강좌를 언제나, 어디서나, 누구나, 무료로 수강할 수 있는 서비스다. 코세라와 다른 점은 국가에서 운영한다는 데 있다. K-무크는 2015년 10월에 27개 강좌로 서비스를 시작했고 2021년 3월까지 900개 이상의 강좌를 개설했다. 2021년까지 참여 대학은 140개였고 수강생은 170만 명이 넘었다. 그리고 홈페이지의 누적 방문자는 2천만 명에 도달했다.

K-무크 홈페이지에는 무크에 대해 다음과 같이 설명되어 있다.

"무크MOOC란 Massive, Open, Online, Course의 줄임말로 오픈형 온라인 학습 과정을 뜻합니다. 이것은 강의실에 수용된 학생만이 강의를 들을 수 있었던 것에서 청강만 가능한 온라인 학습동영상으로 변화하고, 현재는 질의응답, 토론, 퀴즈, 과제 제출 등 양방향 학습을 할 수 있는 모습으로 완성되었습니다."

K-무크의 미션은 다음과 같다.

"K-MOOC는 신뢰할 수 있는 우수한 고등교육 컨텐츠를 제공하여 평생학습을 실현하고자 합니다."

K-무크는 또한 학습자별로 다음과 같은 활용 방안을 제시한다.

- 청소년: 온라인 학습자료 활용, 미래 진학 및 생애 진로 탐색 활용
- 대학(원)생: 사전수업 준비 및 심화(보충)학습, 전과 학생의 선수 학습
- 일반 성인 학습자: 적성과 관심사에 따라 수준별 학습(전공심화, 전공기초, 교양), 최신 지식 및 정보습득
- 구직자·재직자: 창업을 위한 개인 역량 강화, 창업아이템 발굴 및 정보 활용, 직업훈련에 활용
- 교수: 거꾸로교육flipped learning을 통한 수업 활동 다양화

K-무크는 전 연령대 사람들이 평생교육을 위해 사용할 수 있는 플랫폼이다. 청소년들은 자신의 미래 진학과 진로 탐색을 위해 대학 강좌를 듣는 것이 도움이 될 것이다. 특정 전공에 대한 관심이 생겼지만 그것이 자신의 적성에 맞는지는 해당 과목을 택해보는 것으로 알 수 있는데 K-무크는 그런 탐색용으로 최고의 컨텐츠를 제공한다.

대학생과 대학원생들은 수업 준비나 심화 학습 또는 전과 학생의 선수 학습뿐만 아니라 실제 과목 이수로서도 K-무크를 활용할 수 있을 전망이다. 교수자가 퍼실리테이터나 코치가 될 의사가 있다면 K-무크는 최고의 도구가 될 수 있다. 평생교육을 꿈꾸는 그 밖의 학습자들에게도 클래스 형태로서 수업을 받을 수 있는 최고의 플랫폼이 K-무크다. 다음은 대한민국 정책 브리핑에 소개된 분야별 인기 강좌 리스트다.

[분야별 인기강좌]

분야	대학명	강좌명	교수자	주차
인문	한국외국어대학교	세계주요문화와 통번역의 역할	정호정 외 19인	15
	고려대학교	현대인을 위한 감정의 심리학	최기홍	14
	영남대학교	영어, 일단패(턴과)구(조를)보자	윤규철	15
	울산대학교	중국, 그 다양성: 중국지역문화와 중국인	이인택	7
	서울대학교	논어와 현대 사회 - 리더를 위한 논어 읽기	이강재	15
사회	부산디지털대학교	자원봉사 시민교육을 말하다	최유미	15
	성신여자대학교	4차 산업혁명과 경영혁신	심선영	15
	서울대학교	경제학 들어가기	이준구	14
	서울대학교	행복심리학	최인철	14
	서울시립대학교	마켓과 ING하기: 마케팅 고수가 되기 위한 원리	이성호	15
교육	중앙대학교	4차산업혁명과 인재개발	송해덕	14
	단국대학교	라이프 디자인씽킹: 내 삶을 혁신하는 방법	전은화 외 2인	15
	중앙대학교	미래교육을 디자인한다	송해덕	8
	전남대학교	멀티미디어와 교육: 가상현실의 활용	류지헌	15
	서울대학교	상담학 들어가기	김창대	13
공학	서울대학교	인공지능의 기초	김건희	9
	단국대학교	R 데이터 분석 입문	오세종	15
	서울대학교	데이터 마이닝	강유	9
	서울대학교	빅데이터와 머신러닝 소프트웨어	전병곤	8
	서울대학교	머신러닝	송현오	9
자연	인천대학교	미생물학 입문	예정용	6
	서울시립대학교	쉽게 시작하는 기초선형대수학	박의용	9
	성균관대학교	미적분학 I - 활용을 중심으로	채영도	12
	숙명여자대학교	통계학의 이해 II	여인권	13
	서울시립대학교	알기 쉬운 분자생물학	유권열	9
의약	성신여자대학교	음악은 왜 치료적인가?	강경선	15
	세명대학교	생활 속의 약과 건강	고성권	8
	대구대학교	소매틱 재활	권욱동	15
	건국대학교	보이지 않는 미생물 세계	이상원, 박승용	15
	울산대학교	가족과 건강: 알기 쉬운 간호학	이복임 외 6인	8
예체능	이화여자대학교	디지털 사진의 이해와 활용	이필두	15
	이화여자대학교	애니메이션의 이해	최유미	15
	동서대학교	애니메이션 영화의 혼성적 연출특성	이현석	7
	건양사이버대학교	트렌드 업 스타일	임옥진	15
	단국대학교	감성미디어를 통한 인터랙티브 스토리텔링	강지영	15

이런 과목들을 어떻게 택하고 어떻게 활용할 수 있을까? 다음은 '대한민국 정책 브리핑'에 소개된 K-무크와 관련된 각종 정보다.

수강방법

K-MOOC무크 누리집www.kmooc.kr에서 회원가입을 하면 자격 제한 없이 누구나 무료로 강좌를 들을 수 있다. 학습자는 관심 있는 강좌를 수강신청기간 내에 신청해 수강할 수 있다. 궁금한 사항은 Q&A 게시판에 질문하면 과목별 담당 교수 또는 조교가 답변한다. 약 3개월간 진행되는 강좌 운영기간 내에 학습내용을 확인하는 퀴즈를 풀고 과제를 수행하는 등 제시된 커리큘럼을 충실히 이행하면, 기관명과 교수 이름이 들어간 이수증을 무료로 발급받을 수 있다.

학습자별 활용방법

K-MOOC무크는 다양하게 활용이 가능하다. 대학생은 사전 수업 준비와 심화학습을 할 수 있고, 일반 학습자는 개인 역량 강화를 통해 취업에 활용하거나 각종 자격과정과 시험 등에 대비할 수 있다. 고등학생은 자신의 진로를 고려해 관심 분야에 대한 학습이 가능하며, 제2의 인생을 설계하는 중년의 퇴직자 등에게도 개인 취미 활동과 자기계발의 기회를 제공한다.

매년 개최되는 'K-MOOC무크 우수사례 공모전'에서는 육아휴직

후 새로운 업무로 복귀한 직장인, 진로를 새롭게 설계한 대학생 등 K-MOOC무크 강좌의 다양한 활용 사례를 확인할 수 있다.

K-MOOC 학점은행제 학습과정 소개

일반 국민이 K-MOOC무크 이수결과를 학점은행제 학점으로 인정받을 수 있도록 2019년 9월 'K-MOOC무크 학점은행제 학습과정' 11개 과정이 처음으로 개설됐다.

학점은행제는 다양한 형태의 학습과 자격을 학점으로 인정하고, 학점이 쌓여 일정 기준을 충족하면 학위취득이 가능한 평생학습 제도이다. K-MOOC무크 이수결과는 기존에는 대학의 학칙에 따라 소속 학생의 대학 학점으로만 인정이 가능했다. 일반 국민도 K-MOOC무크를 수강하고 필요에 따라 학점과 학위 취득에 활용할 수 있도록 2018년 11월 법적 근거가 마련됐다. 학점은행제 평가인정과 시험부정방지 기능 등 K-MOOC무크 플랫폼 기능 개선 등을 거쳐 개설됐다.

K-MOOC무크 학점은행제 학습과정을 수강하기 위해서는 K-MOOC무크 누리집www.kmooc.kr 로그인 후 '학점은행과정' 메뉴를 클릭해 강좌를 신청*하면 된다. (수강신청 기간은 강좌별로 상이-누리집 확인)

*** 범용 공인인증서를 사용한 본인인증 필요**

K-MOOC무크 학점은행제 학습과정 강좌는 총 62과목이다. 교양과목 18과목에 보건학, 미용학, 경영학이 각 6과목으로 두 번째로 많고, 문학(5과목), 관광학(5과목), 광고학(4과목), 법학(4과목)이 그 뒤를 잇고 있다. 학점운영제에 가장 활발히 참여하는 대학은 성신여대로 20과목을 넣었고, 대우한의대가 14과목으로 2위다.

- 학점은행제 관련 문의: 학점은행제 학습자 콜센터 1600-0400
- K-MOOC 학점은행제 강좌 문의: 개별대학 운영팀
  * 추후 'K-MOOC 학점은행제 학습과정' 홈페이지에서 확인 가능
- K-MOOC 학점은행제 학습과정 플랫폼 이용방법 02)3780-9909

향후 추진방향

교육부는 '원하는 국민은 누구나 언제, 어디서나' 미래사회에 필요한 능력을 키울 수 있도록 K-MOOC무크 운영방식을 혁신해 나갈 계획이라고 한다. 인공지능 등 4차 산업혁명 분야, 직업교육 강좌 등 분야별로 다양하고 우수한 강좌를 지속적으로 확대할 계획이다. 빅데이터 분석결과를 기반으로 학습자에게 맞춤형 학습 상담 제공, 최적의 강좌 추천 등의 학습지원 기능도 제공할 계획이다.

전 국민이 지식을 창출·공유하고, 자유롭게 학습할 수 있는 열린 플랫폼을 제공하기 위해 국제적 통용성, 앞으로 보완 가능성이

높은 방식의 차세대 K-MOOC무크 신규 플랫폼을 구축해 다양한 기능을 제공할 예정이다. **[출처: 대한민국 정책 브리핑]**

K-무크의 성패 여부는 양질의 컨텐츠 확보와 대학의 인정 여부에 달려 있다고 해도 과언이 아니다. 2020년을 기준으로 K-무크 강좌 개발에 참여한 대학은 모두 116개 이상이고 이중 K-무크 강좌 이수를 학점으로 인정하는 대학은 41개교(35.3%) 수준인 것으로 나타났다. 학점을 인정하더라도 타대학에서 만든 과목은 제외하는 경우가 대부분이다. 타대학의 과목을 이수 과목으로 인정해주기 시작해야 제대로 된 MOOC무크시대가 열릴 것이다

천윤필 이화여대 교육혁신센터 팀장은 한국대학신문과의인터뷰에서 "대학 입장에서는 K-무크와 학사 시스템이 연동됐으면 좋겠다는 바람이 있다"며 "K-무크 플랫폼과 대학의 학습관리시스템LMS이 연동되면 이수율이 높아질 수 있다"고 강조했다.

인용 출처

- 대한민국정책브리핑.(2019). K-MOOC(한국형 온라인 공개강좌). from https://www.korea.kr/news/policyNewsView.do?newsId=148866901
- 허정윤 (2020.12.01). 코로나19 발판 'K-MOOC 성장세'…다양성·이수율 '기대 못 미쳐'. from https://news.unn.net/news/articleView.html?idxno=500423

Coursera
the Giant of MOOC
and Future Education

제14장
무크(MOOC)의 거인들

MOOC무크는 코세라만 있는 게 아니다. edX, 유다시티, 유데미 등도 인기 있는 MOOC 플랫폼이다. 주요 MOOC무크를 알아보자.

edX (에덱스)

에덱스는 코세라를 맹추격 중인 비영리 MOOC무크 플랫폼이다. 에덱스는 하버드, MIT, UC버클리, 텍사스대, 보스턴대, 매릴랜드대 등 미국 명문대의 강의가 포진되어 있다는 특장점이 있다.

2012년 MIT와 하버드대가 3,000만 달러를 투자해 만든 무크 플랫폼 에드엑스는 코세라에 이어 MOOC무크 플랫폼 2위에 올라 있다. 에덱스는 2012년 MIT대 교수인 아난트 아가월 교수의 MIT 회로 및 전자 과정으로 시작됐다. 이 과목에 162개국의 155,000명 이상의 학습자가 등록해서 청강해 공전의 히트를 쳤다.

에덱스는 이후 성장을 거듭하며 2015년에 대학 학점 취득을 위한 과목을 만들었는데 애리조나주립대의 Global Freshman Academy는 최초의 학점 과목이었다. 에덱스는 2016년에는 마이크로석사MicroMasters® 프로그램을 세상에 내놓았다. 2017년부터 본격적으로 석사학위 과정을 시작했다. 조지아 공대의 분석 과학 석사는 인기 있는 석사 프로그램이다. 에덱스는 또한 2020년 마이크로 학사MicroBachelors® 프로그램을 내놓았다. 에덱스의 창립자이자 CEO인 아가월 교수는 2020년 임팩트 리포트에서 다음과 같이 썼다.

"에덱스는 우리가 알고 있는 교육을 재창조하는 기관 그룹입니다. 에덱스는 교육이 직면한 수많은 과제에 대한 해결책을 찾기 위해 만들어졌습니다. 우리의 임무는 세 가지 내용에 중점을 둡니다.

1. 모두에게 양질의 교육을 제공하는 것에 대한 접근 확대
2. 오프라인 교육 및 온라인 교육의 재구성
3. 연구를 통한 교수 및 학습 성과 향상

우리는 디지털 기술을 통해 교육을 혁신하기 시작했습니다. 2,400만 명 이상의 학습자들이 2012년에는 접근할 수 없었던 양질의 교육 기회를 갖게 되었습니다. 우리는 계속해서 사명을 실천해야 하기에 할 일이 훨씬 더 많습니다."

에덱스는 현재 각 대학이 에덱스의 교육 과목을 사용해 학생들에게 학점을 줄 수 있는 프로그램을 제공 중이다. 즉 소규모 학교의 경우 학생 한 명당 300달러를 지불하면 에덱스의 핵심적인 과목을 이수하게 하고, 이에 대해 학점을 인정해주는 서비스를 시행하고 있다. 중대형 대학은 높은 비용을 요구하고 있지만 대학이 이 프로그램을 잘 활용할 경우 양질의 과목을 저비용으로 제공하면서 연봉이 높은 교수를 영입할 이유가 크게 줄어들게 된다.

에덱스는 이에 부응하기 위해 각 학교에서 제공하는 교육 운영 시스템LMS과 연동해 학생의 성적처리를 자동화하도록 돕고 있다.

Udacity (유다시티)

다음은 유다시티에 관한 위키피디아의 소개글이다

"유다시티는 세바스찬 스런, 데이빗 스테이븐스, 마이크 소콜스키가 설립한 미국의 영리 교육 기관이다. 유다시티는 처음에는 대학의 과정을 제공하는 데 중점을 두었지만 이제는 전문가를 위한 직업 과정에 더 중점을 둔다.

유다시티는 2011년 스탠퍼드에서 제공하는 컴퓨터 과학 수업을 올림으로 시작되었다. 여러 과정을 거치면서 유다시티의 서비스는 전문가 과정 및 '나노 학위'를 위한 과정에 더 초점이 맞춰져 있다.

2014년에 유다시티는 AT&T와 협력하여 컴퓨터 과학 분야에서 최초로 MOOC무크 학위 과정을 시작했다. 석사 과정에 $7,000의 저렴한 학비만 들어가 큰 인기를 끌었다."

유다시티의 '나노 학위nano degree'는 한국에도 영향을 미쳤다. 나노 학위는 단기간 학습과 훈련 과정을 통해 받게 되는 학위이다. 나노 학위는 기업과 연계한 강의가 주를 이루고 있는데 강의 기획부터 인증까지 기업과 대학이 협력한다.

한국 대학 신문은 유다시티와 나노 학위에 대해 다음과 같이 설명한다.

"정규 학위의 대안으로서의 역할을 하고 있다. 유다시티 역시 공식 블로그를 통해 '나노 디그리 졸업생들이(나노 디그리를 통해) 구글과 아마존, AT&T 등에 취업하고 있다'고 설명하고 있다.

취업을 목적으로 한 특정 분야의 학문이기 때문에 기업의 의견을 적극적으로 수용해 기업이 요구하는 교육과 훈련 과정을 담았다. 각 기업과 협업하기도 하지만 기업이 직접 강좌에 참여하기도 한다. 평균 6개월에서 1년 과정으로 개설되는 나노 학위는 사회와 산업의 빠른 변화를 요구하는 기술을 반영한 형태로 운영 중이다. 실제 유다시티가 지원하는 나노 학위 과목은 △Artificial IntelligenceAI △Deep Learning딥러닝 △Machine Learning Engineer머신러닝 엔지니어 △Robotics Software Engineer로보틱스 소프트웨어 엔지니어 등 4차 산업혁명 시대에서 주목받는 분야들이다.

나노 학위의 강점은 무엇보다 비용이다. 나노 학위의 평균 이수 비용은 199달러 수준이다. 추가 서비스를 제공하는 유다시티의 '나노 디그리 플러스'는 299달러다. 이처럼 나노 학위는 IT분야의 취업과 이직 등에 특화돼 있으면서도 저렴한 비용으로 이수할 수 있다는 점에서 각광을 받고 있다."

유다시티는 BMW사와 함께 비즈니스 리더를 위한 AI 과정을 2

개월 동안 1,598달러에 제공, 나노 학위를 수여하고 있으며 아마존과는 머신러닝 엔지니어 과정으로 3개월 동안 1,017달러를 받고 나노 학위를 주고 있다. 또한, AT&T, 리프트, 구글과 함께 iOS 개발자 과정을 6개월 동안 2,034달러를 받고 제공하며 수료자에게 나노 학위를 수여하고 있다. 유다시티는 총 59개의 나노 학위를 수여 중이다.

코세라, 에덱스, 유다시티 외에도 MOOC무크 플랫폼 중에 알려진 회사 또는 기관은 다음과 같다.

Udemy(유데미): 유데미는 65개 언어로 150,000개 이상의 과정을 제공 중이다. 유데미는 학교 중심이 아니라 개인 강사 중심이다. 강사가 원하는 주제에 대한 온라인 과정을 구축할 수 있다는 것이 특장점이다.

Canvas Network(캔버스 네트워크): 교사, 학교 관리자 및 그 밖의 교육 리더를 위한 수업 개발을 전문으로 하는 과정을 제공 중이다.

인용 출처

- 이번 장의 내용은 에덱스, 유다시티, 유데미의 공식 홈페이지에서 발췌한 것임을 밝힙니다. 그 주소는 다음과 같습니다. 에덱스(https://www.edx.org), 유다시티(www.udacity.com), 유데미(www.udemy.com)

Coursera
the Giant of MOOC
and Future Education

제15장
코세라의 미래와 전망

2020년 3월13일 놀라운 기사가 Inc.com잉크닷컴에서 올라왔다. 코세라에 새로 올려진 구글의 새로운 전문 수료 과정이 대학 학위를 필요 없게 만들 것이라는 내용이었다. 이 기사는 "이제 더는 대학 학위가 필요하지 않다"는 다소 파격적인 내용을 실었다.

코세라와 구글이 합작한 이 새로운 과목은 현재의 교육 시스템이 망가졌다고 생각하는 많은 사람을 위한 '게임 체인저'가 될 수 있을 것으로 보인다고 Inc.com은 보도했다. 잉크닷컴은 또한 코로나 19 팬데믹의 영향으로 실업 상태에 있는 수백만 명의 미국인을 위한 게임 체인저가 될 수도 있다고 덧붙였다.

구글의 CEO인 선다 피차이는 인터뷰에서 "팬데믹으로 인해 정말 끔찍한 한 해가 되었다."며 "그런데 이 기간 누구도 상상할 수 없었던 방식으로 디지털 변혁으로의 여정에 중대한 변화를 가져왔다."고 설명했다.

구글이 코세라에 새롭게 올려 파괴적 혁신을 이끌려는 과목은 프로젝트 관리, 데이터 분석 및 사용자 경험UX 디자인 분야, Associate Android 개발자 인증 과정이다.

구글은 이 프로그램을 수료한 수료자들에게 고용 기회를 주고자 구글과 협력하는 130개 이상의 고용주와 파트너십을 맺고 학위나 해당 분야의 경력이 없는 사람들이 비교적 쉽게 일자리를 찾을 수 있게 돕는다.

대부분의 구글 수료증 프로그램의 참가자는 6개월 이내에 수료할 수 있으며 미국 학생의 경우 지불하는 수업료는 약 240달러이다. 3개월 만에 끝낼 경우 비용을 절반으로 줄일 수 있다.

구글은 필요에 따라 약 100,000건의 장학금을 제공할 예정이다. 구글은 앞으로도 코세라와 손을 잡고 온라인 인증 프로그램을 핵심으로 하는 과목을 지속적으로 개발할 예정이다. 온라인 과목이라고 쉽게 수료증을 받을 것이라고 생각하면 착각이다. 구글의 수료 과정은 100개 이상의 평가를 통해 엄격한 관리를 한다.

구글은 이미 구글 IT 지원 전문가 인증서 프로그램을 코세라에 출시했고, 이는 출시 3년 만에 코세라에서 최고의 수료증으로 각광을 받았다. 수료생의 82%가 승진, 직장 구하기, 새 사업 시작 등에 성공했고 6개월 이내에 구직이나 경력을 향상시키는 데 도움을 받았다.

새롭게 추가된 수료 프로그램의 이수자가 고용될 경우 평균 연봉은 $75,000(UX 디자이너)에서 $93,000(프로젝트 관리자) 수준이다.

이렇게 코세라는 구글 그리고 대학들과 손을 잡고 수많은 과정을 개발할 것으로 보인다. 그리고 수료증의 효율성이 입증되었고 앞으로 더욱 그렇게 될 전망이다.

미래학자 토머스 프레이는 2030년에는 대학 교육의 틀이 완전히 바뀌며 4년제 대학과정도 1-2개월만에 끝낼 수 있는 AI 교육 시스템이 대세가 될 것이고, 교사는 가르치는 자라기보다 FT퍼실리테이터나 코치가 된다고 예상한 바 있다.

물론 대학이 완전 사라지는 것은 아니다. 대학은 함께 모여서 어떤 연구를 함께 하는 자들이 있는 곳이 될 것이고 그것마저 오프라인보다는 온라인이 대세가 될 것으로 보인다. 그리고 글로벌 대학이 대세를 이룰 것으로 필자는 예상한다.

현재 많은 대학은 무크MOOC에 강의를 올리고 있고 코세라와 같은 회사는 약 7000개의 강의를 확보한 상황이다. 코세라와 같은 무크MOOC가 대학을 대체할 가능성이 크다. 코세라에는 1-2시간이면 끝나는 강의부터 6개월 동안 진행되는 강의, 1-2년 공부해야 하는 학위 과정 등 다양한 컨텐츠들이 올려져 있다. 이를 AI와 잘 접목하면 교육의 효과는 10배 더 좋을 수 있다. 그런 시대에 기존의 대학 교육이라는 틀은 무너질 것이다.

우리는 초등학교 6년, 중학교 3년, 고등학교 3년을 마치면 대학에 가고 대학을 졸업하면 취업을 하는 기존의 틀 안에 갇혀 있다. 대학 교육은 코세라와 같은 무크MOOC를 통해 그 틀이 무너졌고 초등학생도 대학에 가는 시대가 열릴 전망이다. 천재가 아닌 보통 초등학생들이다.

코세라는 '대학은 더 이상, 가는 곳이 아니고 이미 우리 안에 들어와 있음'을 우리에게 알려줄 것이다. 세계 유명 대학의 강의가 우리 안에 들어와 있다. 전 세계 누구나 아주 간단한 등록 절차만 밟으면 강의를 무료 또는 저렴한 가격으로 들을 수 있다. 학교는 더는 '가는 곳'이 아니라, 우리 안에 와 있는데 이것이 바로 증강이성 집합체다. 코세라는 그 증강이성 집합체의 대명사가 될 전망이다.

이런 상황에서 대학은 무엇을 해야 하고 어떻게 인재를 받아들일 수 있을까? 미래를 진단하고 미래형 인재를 키워내는 대학이 생존하게 될 것으로 보인다. 위와 같은 상황에서 '굳이 대학에 갈 필요가 있을까?'라는 질문을 하는 사람들이 많이 늘어날 것이다.

연합뉴스가 교육부 자료를 인용한 보도에 따르면 대입가능자원은 2024년 37만3,470명으로 떨어지고 2030년까지 40만 명 안팎을 유지할 것으로 보인다. 연합뉴스는 "지난해 372개 대학·전문대학(기능대학 제외) 입학정원을 토대로 계산해보면 입학정원이 많은 학교부터 차례로 학생이 채워진다고 가정했을 때 대입자원이 40만 명인 경우 하위 180개교는 신입생을 한 명도 받지 못한다. 대입자원이 30만 명까지 감소하면 252개교가 '새내기'를 구경도 못 하는 처지가 된다."라고 보도했다.

MOOC무크가 더욱 굳건해지고 기업들이 MOOC의 수료를 인정해주기 시작하면 대입자원은 30만 명 밑으로 떨어질 가능성이 매우 크다. 그럼 누가 대학을 갈 것인가가 이슈이다. 대학은 무엇을 어떻게 준비해야 하는가?

다행히(?) MOOC무크는 이수율이 10% 미만이다. 대학은 MOOC 시스템을 P-MOOC피무크로 활용하는 체제로 가고 MOOC무크에서 좀 더 심화하는 연구를 할 수 있도록 돕는 기관이 되어야 한다. 즉, 정보나 지식을 제공하는 학습공동체가 아니라 이미 있는 정보와 지식을 개인화된 멘토링 및 코칭으로 학습하게 하고 MOOC무크에서 학습한 내용을 추가 연구하고 실험하는 곳이 대학이 되어야 한다.

대학은 또한 연구 기금을 받는 데 집중해 새로운 연구 결과를 낼 수 있는 기관이 되어야 하고 여기에 학생들을 참여 시켜 대학 때부터 깊은 연구를 할 수 있도록 도와야 한다. 이렇게 되면 학생들은 대학을 갈 이유를 발견하게 된다. 지금처럼 단순한 지식 전달 교육을 고수하면 대학에 갈 이유는 크게 줄어든다.

'교육 독점' 시대는 저무는 중이다. 교육의 무게중심은 디지털과 원격수업으로 그 어느 때보다 빠르게 전환하고 있다. 온라인에는 고급 지식이 무료로 널려있다.

대학 교육의 파괴적 혁신이 일어나야 하는 상황이다.

제16장
코세라 체험담

코세라를 통해 음악을 배웠습니다.

박성훈 (고등학생)

저는 코세라에서 소리와 음향sound and acoustics에 대해 정식으로 배울 수 있었습니다. 저는 음악 제작에 관심이 있는데 이전에 학교나 학원에서 소리와 음향에 관한 수업을 받은 적이 없었기에 코세라의 과정은 이 분야로 들어가는 훌륭한 관문이었습니다.

코세라의 강사로 나온 전문가와 교수자는 이 주제와 관련한 전문가들이었고 이들의 강의를 쉽게 접할 수 있었다는 것이 저에게 큰 용기를 주었습니다. 코세라 웹사이트로 들어가서 제가 관심 있는 주제를 검색하고 바로 수업을 시작할 수 있다는 것은 저에게 큰 동기유발이 되었습니다.

물론 몇 차례 예외가 있긴 했지만 대부분은 원하는 시간에 언제든 접속을 할 수 있었습니다. 앞서 언급했듯이 저는 코세라 과정을 완수함으로써 소리와 음향에 대한 공식적인 첫 수업을 받을 수 있었습니다. 100% 온라인 레슨이라는 점을 감안해서 사실 기대치가 높지는 않았습니다. 그런데 프로그램 안에 있는 전체 교육 시스템에 저는 정말 놀랐습니다.

이 과정은 과도한 정보로 저를 압도하지 않았고 기초적인 지식 제공도 부족하지 않았습니다. 이 과정은 저에게 적절한 균형으로 맞춤 서비스를 제공했습니다. 과목의 내용에는 사운드가 이동하는지, 마이크로 녹음할 때 일어나는 일이 무엇인지, 디지털 플러그인 사용 방법 등이 포함됐습니다.

대학이나 학원에서 이런 특정 분야를 공부하는 데 관심이 있는 사람이라면 코세라 수업에서 제공하는 탄탄한 핵심 정보를 통해 큰 도움을 얻게 될 것입니다. 개인적으로 경험한 적은 없지만 코세라에는 노스 텍사스 대학교와 같은 외국 대학의 공식 학사 학위 프로그램도 있어 관심이 갑니다. 코세라는 더 전문적으로 연구 분야에서 연구하는 사람들에게 확실히 도움이 될 것입니다.

코세라가 많은 사람에게 훌륭한 학습 기회를 제공하는데 비용이 얼마나 드는지 궁금해하는 사람들이 많습니다. 비용이 전혀 들지 않거나 들더라도 매우 낮은 비용이 들어갑니다. 코세라 수료증을 받는 것이 그다지 중요하지 않은 사람의 경우 컨텐츠에 무료로 액세스 할 수 있습니다.

그리고 대체로 50달러를 지불하면 시험/퀴즈, 동료 피드백 과제 등에 액세스 할 수 있으며 과정을 마치면 수료증을 받을 수 있습니다. 어떤 이에게는 수료증이 중요할 수도 있다고 생각합니다.

어떤 경우에는 재정 지원을 신청해서 경제적 지원을 받을 수 있습니다. 그러나 재정 지원의 단점은 신청이 승인되는 데 약 한 달 쯤 걸린다는 사실입니다. 기다리는 동안 무료 옵션에 액세스 할 수 있지만 과제를 완료할 수 없다는 것은 약간 아쉬운 부분입니다.

대학에 가지 않아도 배울 수 있는 대학 수준의 교육

정지원 (중학생)

저는 코세라를 사용하면서 이전의 편견을 없앨 수 있었습니다. 저에게는 대학 수준의 교육을 받으려면 무조건 대학에 가야 한다는 편견과 고정관념이 있었습니다. 하지만 코세라로 공부를 하면서 그런 생각이 모두 사라지게 되었습니다. 코세라나 여러 MOOC 무크 플랫폼으로 공부를 한다면 굳이 대학에 가지 않아도, 나이, 성별, 국적 모두 상관없이 자신이 진짜 원하는 것을 배울 수 있다는 걸 깨닫게 되었습니다.

저는 그동안 '아무리 그래도 대학 공부는 대학 가서 해야 하는 게 아닌가?'라고 생각을 했었는데 이렇게 제 생각이 달라진 것이 정말 놀라웠습니다. 나이가 적으나 많으나 마음과 충분한 상황만 있다면 모든 것을 배울 수 있다는 것에 정말 놀랐습니다. 그리고 아직도 고정관념에 빠진 사람들이 대부분이고, 이런 기회들을 충분히 사용하지 못하는 사람들이 너무 많다는 게 안타깝습니다.

그래서 저는 제가 지금 누리고 있는 것들을 다른 사람들과도 같이 누릴 수 있도록 앞으로 꼭 대학에 가지 않더라도 충분히 자기가 원하는 것들을 모두 배울 수 있음을 많은 사람과 나눠야겠습니다. 그리고 계속해서 코세라와 다른 MOOC무크 플랫폼들을 공유해야겠습니다.

삶의 지혜를 배울 수 있는 과목 많아

김수겸 (고등학생)

저는 코세라를 통해 공부를 한 고등학교 1학년 남자 학생입니다. 올해 증강학교에서 하는 수업을 통해 코세라를 알게 되었습니다. 저는 이번 코세라 강의를 통해 기존에 알던 인강인터넷 강의보다 조금 더 이해가 잘되고 퀴즈를 통해 나의 상황, 나의 부족한 점 등을 알 수 있어서 좋았습니다. 그리고 이번 코세라 강의를 통해 기존 인터넷 강의의 틀을 깨는 계기가 되었습니다. 기존에 있던 강의는 수학, 과학 등 단순 지식을 배우는 게 목적이었다면 코세라는 4차 산업혁명 시대를 대비해서 다양한 과목과 삶의 지혜 등을 알 수 있는 계기가 된 것 같습니다. 코세라를 통해 삶의 지혜를 많이 배우고 많이 성장하고 많이 변화한 것 같았습니다.

한국어 자막이 제공되는 강의 많아 편리

김호겸 (중학생)

저는 증강학교를 통해 코세라를 처음 접해본 만 14세 남학생입니다. 코세라 플랫폼에서 강의를 들으며 새로운 교육 방법에 대해 알게 되었습니다. 먼저, 유명 대학교 교수님들의 강의와 여러 분야의 강의를 들으며 수료증, 자격증을 얻을 수 있다는 것을 알게 되었고 이렇게 교육을 받을 수 있다는 것을 새로 알게 되었습니다. 코세라 강의에는 한국어 자막, 대본이 지원되는 강의들이 많아 편리합니다. 또한, 언제 어디서든 인터넷만 된다면 강의를 들을 수 있고 자격증도 받을 수 있습니다. 하지만, 무료로 교육을 받을 기회를 주는 플랫폼을 사람들이 많이 모르고 있다는 것이 아쉽고 안타깝습니다. 코세라, 적극 추천해 드립니다.

친구들에게도 공유하고 싶은 플랫폼

송하준 (중학생)

저는 14세 학생이고 증강학교를 통해 코세라와 많은 MOOC무크 시스템들을 알게 되었습니다. 코세라를 이용하며 'How to learn'

이란 영어 강의(번역 제공) 말고도 다른 제가 좋아하는 분야들의 강의를 찾아 들을 수 있었고 사실 이전에는 전혀 모르고 있던 온라인 강의를 알게 되었습니다. 이 온라인 강의들은 거의 모든 것이 무료나 마찬가지이고 강의를 듣는 것도 편리해서 정말 좋았습니다. 무엇보다 많은 사람이 이용하기 쉽도록 번역이 되어있는 영상들도 있었습니다. 코세라가 어떤 것인지 알게 되었고, 유용하게 쓸 수 있는 MOOC무크 시스템인 것 같아 다른 친구들에게 코세라와 같은 MOOC무크 플랫폼들을 잘 공유하도록 할 것입니다.

편견을 깬 온라인 교육 플랫폼

양성규 (중학생)

저는 이렇게 좋은 온라인 강의를 처음 접해 본 것 같습니다. 코세라는 남녀노소 상관없이 누구나 강의를 들을 수 있는 플랫폼입니다. 저는 나이가 어리거나 많으면 배울 수 없다는 편견이 있었다는 것을 깨달았습니다. 저는 코세라 강의를 들으며 온라인으로도 진정한 교육을 접할 수 있다는 걸 깨달았습니다. 또한, 남녀노소 관계없이 좋은 학습을 할 수 있도록 코세라를 만드신 앤드류 응 교수님과 대프니 콜러 교수님께 감사드립니다.

코세라는 사람들이 효율적인 학습을 할 수 있도록 세상에 선한 영향력을 미치고 있습니다. 이렇게 좋은 강의 플랫폼을 다른 사람들에게 전해야 한다고 생각합니다. 앞으로 저는 SNS를 통해 사람들이 효율적인 학습을 할 수 있도록 코세라를 전할 것입니다.

자녀와 함께 공부하며 토론

양미나 (학부모)

저는 자녀와 함께 강의를 듣고 토론하기 위해 코세라를 처음 접하게 되었습니다. 강의가 영어로 되어 있어서 처음엔 낯설었지만, 스마트폰에 코세라 앱을 설치하고 일상 중에도 틈틈이 영상을 볼 수 있어서 편리했습니다. 그리고 세계 유명 대학 교수님들의 강의를 들을 수 있다는 것이 놀라웠고, 짧은 길이로 조각조각 나누어진 영상 강의 덕분에 편한 마음으로 공부할 수 있었습니다. 간혹 한글로 번역이 안되는 영상도 있었지만 번역기를 이용해 내용을 쉽게 접할 수 있었습니다.

노트 기능이 있어 중요한 내용을 저장할 수 있는 것도 편리했습니다. 자신이 공부하고 싶은 분야가 있다면, 자신이 원하는 시간에 수준 높은 강의를 듣고 강의 후 질문에 답하며 효율적으로 학습할 수 있겠다는 확신이 생겼습니다. 그리고 이번 기회를 통해 자녀들과 코세라에서 같은 내용을 공부하고 토론을 하는 과정에서 서로 공감하기 어려울 때도 있었지만, 서로 배운 내용을 이야기하며 공감과 존중을 배웠던 소중한 시간이었습니다.

의지만 있으면 누구나 대학 강의 들을 수 있어

손지우 (중학생)

코세라는 나이, 성별, 국적 상관없이 의지만 있다면 원하는 대학의 강의를 들을 수 있는 플랫폼입니다. 강의를 들으면서 중간중간 질문에 답하며 조금 더 효율적으로 학습할 수 있었던 것 같아 감사하고 좋았습니다. 또한, 한 과목을 선택해 집중적으로 알아가며 학습하고 그 학습 내용을 많은 사람이 이용할 수 있도록 번역해 사용할 수 있어 좋았습니다.

외국 회사에서 인정해주는 수료증 빨리 받고 싶어

정유겸 (초등학생)

코세라를 이용하면서 많은 도움을 받게 된 것 같습니다. 많은 강의가 무료여서 제가 듣고 싶은 강의를 쉽게 찾아 들을 수 있다는 장점이 있었던 것 같습니다. 그리고 어떤 수료증은 외국의 회사에서 인정해 준다고 해서 수료증을 빨리 받아보고 싶은 마음이 들었습니다.

가족간의 소통
어려운 시험에 도전하기로 결심

손인환 (학부모)

딸과 코세라 나눔을 통해 소통하면서 무엇보다 사춘기에 접어들어 대화를 잘하지 않으려고 했던 아이와 대화를 시작할 수 있었던 계기가 된 것 같습니다.

나눔 초기에는 어색하고 부끄러워서 영상촬영도 하지 않으려고 하였으나, 딸 지우는 지금 적극적으로 촬영에 임하고 있으며 이전과 달리 심도있는 나눔의 시간을 갖고 있는 것 같습니다.

그리고 이 강의를 통하여 저도 이제 무언가를 해야겠다는 생각을 갖게 되었습니다.

이번 공부를 계기로 저는 오는 6월 어렵고 힘든 시험에 도전하기로 했습니다. 이번 코세라를 통한 나눔의 시간이 단지 수업의 일부가 아닌 가족간에 있어서도 상호간의 소통과 삶의 계기부여라는 큰 의미로 우리 가족에게 선물을 준 것 같습니다.

참고 문헌

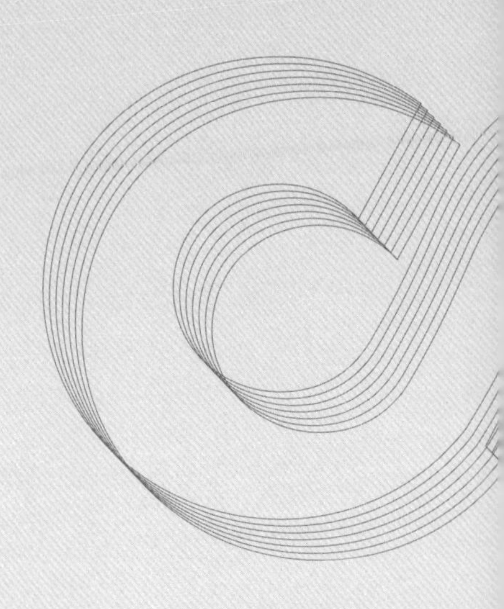

· BARISO, J. (2021). How Google's New Career Certificates Could Disrupt the College Degree (Exclusive). Inc.com.

· Coursera. (2020). Coursera 2020 Impact Report. from https://about.coursera.org/press/wp-content/uploads/2020/09/Coursera-Impact-Report-2020.pdf

· Coursera. (2021). Online Bachelor's Degree Programs. from https://www.coursera.org/degrees/bachelors

· Coursera. (2021). Online Master's Degree Programs. from https://www.coursera.org/degrees/masters

· Coursera. (2021). Our vision. from https://about.coursera.org/

· Coursera. (2021). World-Class Learning for Anyone, Anywhere. from https://about.coursera.org/how-coursera-works/

· Foster, L. (2020). Coursera's Most Popular Online Courses. Entrepreneur.

· Ng, A. (2020). What is the most important problem that AI community should work on? , 2021, from https://twitter.com/AndrewYNg/status/1293672548589162496

· Ng, A. (2021). Machine Learning. from https://www.coursera.org/learn/machine-learning?utm_source=gg&utm_medium=sem&utm_campaign=07-StanfordML-ROW&utm_content=07-StanfordML-id=77089607755&device=c&keyword=machine%20learning%20certification%20programs&matchtype=b&network=g&devicemodel=&adposition=&creativeid=369041724164&hide_mobile_promo&gclid=Cj0KCQiAyJOBBhDCARIsAJG2h5dORNtMQ1YFONH6cg9icUeS25ddhEvF5C3OCSipfk1K_7EuKq7i0E0aAjlmEALw_wcB

· Pappano, L. (2013). The Boy Genius of Ulan Bator, New York Times. Retrieved from https://www.nytimes.com/2013/09/15/magazine/the-boy-genius-of-ulan-bator.html

· Ross, C. (2020). Coursera Considers Going Public In 2021: Report. from https://finance.yahoo.com/news/coursera-considers-going-public-2021-161155214.

html?guccounter=1&guce_referrer=aHR0cHM6Ly93d3cuZ29vZ2xlLmNvbS8&guce_referrer_sig=AQAAACzkUSUtO8G-65l9hjG3d50ePfPsbuaYrTXFBAjEx6BiHdmm1mmMwcUOZLqOKWlDneB8YaQYuZ-E5ZYTdrF5dUxrM52jYAf6N7aN5XdlpRwRybyGNn6hfnMRKl03wbO-R_lMfY6cEaL2n7OqkFkNjl-NYumK_RNXXxVyhN1VGK7-

· Sawers, P. (2017). Coursera gets a new CEO: former Financial Engines CEO Jeff Maggioncalda replaces Rick Levin, VentureBeat. Retrieved from https://venturebeat.com/2017/06/13/coursera-ceo-rick-levin-steps-down-to-be-replaced-by-former-financial-engines-ceo-jeff-maggioncalda/

· Shah, D. (2019). Coursera's Monetization Journey: From 0 to $100+ Million in Revenue. The Report. https://www.classcentral.com/report/coursera-monetization-revenues/

· staff, C. c. (2020). These are the 2020 CNBC Disruptor 50 companies. from https://www.cnbc.com/2020/06/16/meet-the-2020-cnbc-disruptor-50-companies.html

· Taulli, T. (2020). Coursera: Why It's One Of The World's Top Startups, Nasdaq.com. Retrieved from https://www.nasdaq.com/articles/coursera%3A-why-its-one-of-the-worlds-top-startups-2020-07-06

· TED (Producer). (2012). Daphne Koller: 우리가 온라인 교육으로부터 배울 수 있는 것. Retrieved from https://www.ted.com/talks/daphne_koller_what_we_re_learning_from_online_education/transcript?language=ko

· Vandenbosch, B. (2020). More than 1.6 million learners around the world benefit from partner contributions in Coursera's response to the pandemic. 2021, from https://blog.coursera.org/more-than-1-6-million-learners-around-the-world-benefit-from-partner-contributions-in-courseras-response-to-the-pandemic/

· Vandenbosch, B. (2021). Coursera partners with Howard University, expands social justice content, and collaborates with Facebook to offer scholarships

to Black learners. from https://blog.coursera.org/coursera-partners-with-howard-university-expands-social-justice-content-and-collaborates-with-facebook-to-offer-scholarships-to-black-learners/
· Wikipedia. (2021). Andrew Ng. https://en.wikipedia.org/wiki/Andrew_Ng
· 미래전략정책연구원. (2017). 10년 후 4차산업혁명의 미래(개정판): 일상과이상.
· 박병기. (2018). 제4차 산업혁명 시대의 리더십, 교육 & 교회. 수원: 거꾸로미디어.
· 박병기, 김희경, & 나미현. (2020). 미래교육의 MASTER KEY. 거꾸로미디어.
· 박영숙. (2020). 세계미래보고서 2021(포스트 코로나 특별판): The Business Books and Co., Ltd.
· 박영숙, & 글렌, 제. (2017). 세계미래보고서 2055. 서울: (주)비즈니스북스.
· 위키백과. (2020). 유니콘 기업. https://ko.wikipedia.org/wiki/%EC%9C%A0%EB%8B%88%EC%BD%98_%EA%B8%B0%EC%97%85
· 은유리. (2020). 컴업2020, 코세라 CCO가 그리는 '포스트 코로나 이후 온라인 교육의 미래'. from https://www.venturesquare.net/818356
· 최준호. (2014). [이번 주 경제 용어] 기업공개(IPO), 중앙일보. Retrieved from https://news.joins.com/article/14924600
· 추현우. (2020). 일론 머스크의 위성 인터넷 '스타링크' 70만 예비가입자 확보, 디지털 투데이. Retrieved from http://www.digitaltoday.co.kr/news/articleView.html?idxno=243565